农圃便览
便民图纂

〔清〕丁宜曾 撰

〔明〕邝 璠 撰

小 石 点校

U0311781

浙江人民美术出版社

图书在版编目(CIP)数据

农圃便览 便民图纂 /（清）丁宜曾，（明）邝璠撰；
小石点校. -- 杭州：浙江人民美术出版社, 2024.1
（吃吃喝喝）
ISBN 978-7-5751-0045-8

Ⅰ.①农… Ⅱ.①丁… ②邝… ③小… Ⅲ.①农学—
中国—明清时代 Ⅳ.①S-092.4

中国国家版本馆CIP数据核字（2023）第232150号

吃吃喝喝

农圃便览　便民图纂

〔清〕丁宜曾　〔明〕邝　璠　撰
小　石　点校

责任编辑　霍西胜　杨雨瑶
责任校对　张金辉
责任印制　陈柏荣

出版发行　浙江人民美术出版社
　　　　　（杭州市体育场路347号）
经　　销　全国各地新华书店
制　　版　浙江大千时代文化传媒有限公司
印　　刷　杭州捷派印务有限公司
版　　次　2024年1月第1版
印　　次　2024年1月第1次印刷
开　　本　889mm×1194mm　1/32
印　　张　3.875
字　　数　80千字
书　　号　ISBN 978-7-5751-0045-8
定　　价　32.00元

如发现印刷装订质量问题，影响阅读，请与出版社营销部（0571-85174821）
联系调换。

出版说明

　　《农圃便览》原名《西石梁农圃便览》，为一部仿照《月令》体裁的农书，按岁、四季、十二月、二十四节气的顺序叙述相应的农事活动，包括农耕、气象、园艺及种植经验，以及农产品加工与烹饪方法，另附有相关诗词等。作者丁宜曾，生卒年不详，字椒圃，山东沂州西石梁村人，生平事迹见光绪《日照县志》其父丁士一传附传。他出身名门望族，曾随父宦游各地，但屡试不第，未入仕途，且家道中落，故勤于农圃之事，方有此书。据丁宜曾自序，此书约成于他五十岁之时。书中部分内容采自其外祖牟思戡、外叔祖牟思霖、曾族祖丁耀亢之作。❶ 全书初刻于乾隆二十年（1744），另有清嘉庆七年（1802）抄本传世。民国时，有齐河县立师范学校印本和广饶县王德聪石印本，后有1957年中华书局版王毓瑚校点本，删去不少内容。

　　因"事皆身历，非西石梁土所宜，及未经验者，概不录也"，《农圃便览》具有极强的地方特色与实用性，《日

---

❶　见王俐《〈农圃便览〉相关人物及农书小考》，载《农业考古》2019年第1期，第205—207页。

照县志》中评定此书："东武臧公目为布帛菽粟，人人皆用也。"日本学者天野元之助曾在《中国古农书考》中评价道："此书是了解山东半岛南部地区农业情况的最好史料，我对它和地处日照西北的淄川蒲松龄所撰的《农桑经》给予同样的重视。"

尽管以农事活动为主，《农圃便览》的书写却并不乏味，读来甚至令人兴味盎然，堪称一部清初乡绅阶层的生活小史，是生活志，亦是风物志；既带有浓厚的乡土色彩，亦不忘文人风雅。其遣词用字，朴拙有味，时时让人想起与之同时代的《红楼梦》。

譬如《红楼梦》中最经典的刘姥姥吃茄鲞一段："凤姐儿笑道：这也不难。你把才下来的茄子，把皮签了，只要净肉，切成碎丁子，用鸡油炸了；再用鸡脯子肉并香菌、新笋、蘑菇、五香豆腐干、各色干果子俱切成丁子，用鸡汤煨干，将香油一收，糟油一拌，盛在瓷罐子里封严。要吃时用炒的鸡瓜一拌，就是。"

《农圃便览》中亦有"茄鲞"条："将茄煮半熟，使板压扁，微盐拌腌二日，取晒干，放好卤酱上面，露一宿，瓷器收。"这便是寻常农家的制作方法了，只不过用酱和盐腌卤，朴素至极，制作方式与前文对读，更可知《红楼》茄鲞的金贵与特殊。

茄鲞要用"鸡瓜"相拌，鸡瓜的制作方法书中亦有收录："用鸡胸肉，切长条、姜丝、酱瓜、笋干、虾米水泡软，各等分。先将鸡下锅，少加香油、水，炒半熟入笋丝，炒熟入姜、瓜、虾米、葱白丝，略炒，加盐醋少许。"至于平儿要刘姥姥年下送来，贾府上上下下都爱吃的晒灰条菜干子，豇豆、扁豆、茄子、葫芦条儿各样干菜的制作方式，亦可参见此书。丁宜曾记录的方法详尽，步骤清晰，若有兴趣，甚至可以一试。

全书不分卷，约九万余字，本为农书，不涉时政，却因丁家受文字狱牵连而多遭毁禁，险些失传，幸得丁氏后人勤于寻访，才重新刊行于世。[1]此次出版，特辑出其中治食部分的相关内容约二万字，整理文字，加以句读，另对部分名物加以注释，部分内容增补小标题，以裨读者检阅。丁宜曾未能以科举进身，退而归里，求田问舍，量晴较雨，不为"大人之事"，却以"琐琐事"留名，不啻为一段意外之缘。

《便民图纂》是一部明代民间日用类书的代表之作，它以农事活动如务农耕获、桑蚕树艺等为主，旁及养生调摄、占卜祈禳、饮食制作、医药处方等，内容丰富，图文并茂，颇能满足民众的日常生活需求，刊行之前便颇多抄本，经由江苏、江西、云南、广西、贵州、河北等地的地方官纷纷刊刻颁布之后，则大受欢迎，在明弘治至万历中期的百余年间，至少被刊刻过七次，流传甚广。清钱曾认为此书"凡有便于民者，莫不具列"，明欧阳铎则言："今民间传农、圃、

---

[1]　见王俐《〈农圃便览〉与丁氏禁书三案》，载《农业考古》2019年第4期，第191—194页。

医、卜书，未有若《便民图纂》识本末轻重、言备而指要也。"明于永清亦称："一切日用、饮食、治生之具，展卷胪列，无烦咨诹。"

从内容来看，《便民图纂》为辑录整合多书内容而成，亦有创新与发展。关于辑录者及初刊者为谁，颇多疑问，盖因此书多个版本上均未署编撰者姓名，如钱曾《读书敏求记》就曾记载："《便民图纂》不知何人所辑，镂版于弘治壬戌（1502）之夏。"但据学者杜新豪在《〈便民图纂〉撰者新考》中较为可靠的考证，应可确定此书编刊者系明人邝璠，最初在吴地刊刻。

邝璠（1458—1522），字廷瑞，号阿陵，河北任丘人。弘治六年（1493）进士，弘治七年（1494）知吴县，弘治十五年（1502）升徽州同知（据祝允明《吴县令邝君遗爱碑》），正德六年（1511）任瑞州知府，追赠江西布政使司右参政。邝璠虽是河北人，但因在江南做官，对太湖区域的农业生活情况颇为了解，本书明显属于江南农业的系统。

据杜新豪的研究，本书的刊行，应为邝璠在吴县任内编成后付梓，刊刻时间约在1494—1502年夏五月之间，盖因日本内阁抄本中布政使司左参议蒋浤作于1502年夏五月的序言称："《便民图纂》不知何人所辑，信丰曾尹手是书，告予以真有便于民者，欲绣诸梓以为民便，敢请予披而阅之……今锓梓以行，其真有便于民哉！□名政，吾江宁人，自笠仕来，专以便民为务，在在有声，况素以学行见称，其真无负矣。予深嘉之，因书以弁其首。时弘治壬戌夏五月吉旦，赐进士出身布政使司左参议乡人蒋浤书。"钱曾"不知何人所辑"的观点，很可能便是出自此刻本。这个刻本既被曾政作为自己的政绩出版，显然并非邝璠刊刻，邝璠初刻本的时间亦必早于此书。

目前《便民图纂》的存世版本包括三种：

1）日本内阁文库藏（昌平坂学问所旧藏）江户年间抄本，三册十六卷，有弘治戊戌（1502）布政使司左参议蒋浤序；

2）中国国家图书馆藏明嘉靖二十三年（1544）王贞吉刻蓝印本，四册十六卷（以下简称"嘉靖本"），有嘉靖甲辰秋八月乙未赐进士通议大夫、吏部右侍郎欧阳铎序，嘉靖丁亥冬云南左布政使吕经叙，云南右布政使黄昭道跋，嘉靖甲辰冬十月朔广西浔州府知府属吏王贞吉跋；

3）中国国家图书馆藏（郑振铎旧藏，有其"长乐郑振铎西谛藏书"朱文方印）明万历二十一年（1593）于永清刻本，六册十五卷，有万历癸巳于永清序，书于上谷嘉树轩，缺首页半页（以下简称"万历本"）。

另上海图书馆藏明刻本《便民纂》，十四卷，无序跋目录，与《便民图纂》内容相关，有所扩充。万国鼎、天野元之助、陈麦青等学者均认为此书为《便民图纂》祖本，但据杜新豪《〈便民纂〉与〈便民图纂〉关系考》中的顾东桥相关内容，基本可确定书中所增加内容为明嘉靖庚寅（1530）之后，此书在版本上应晚于《便民图纂》，故此次整理未将此本内容涵盖在内。

因此，厘清序跋与著录信息后，《便民图纂》目前所知的版本系统应包括：

1）吴县县令邝璠刻本，1494—1502 年夏五月之间刊刻。

2）江西信丰县令曾政刻本，1502 年夏五月刊刻。

3）云南左布政使吕经刻本，1527 年冬刊刻。（此本吕经序中提到的"三厓欧阳氏"，应系欧阳重，1483—1553，字子重，号三厓，江西庐陵县人，正德三年二甲第五名进士，嘉靖六年任云南按察使司副使提督学校。）

4）广西浔州府知府属吏王贞吉刻本，1544 冬十月朔刊刻。

5）贵州左布政使李涵刻本，1552 年刊刻。

6）巡按宣大监察御史于永清刻本，1593 年刊刻。（"宣大"指河北宣府镇、大同镇，即今河北张家口、山西大同附近地区，为明代九镇之二，明代常"宣""大"连称。于永清，字太寰，山东青城人，登万历十一年进士，任乐亭县知县，补浙江东阳县知县，擢湖广道监察御史，出按宣大，再补福建道监察御史，巡按陕西、真定，建白兴革。据序言，此书刻于云间，系宣府镇古称。）

7）《便民纂》，无编撰刊刻者信息，1530 年之后刊刻。

由于此书内容具有一定代表性，万历本的版画又受到郑振铎盛赞，故此书在现代多有影印及整理出版，主要就是除日本内阁文库外的两个本子，影印版以万历本居多。《四库全书存目丛书·子部》第 118 册影印过嘉靖本，《续修四库全书·子部·农家类》第 975 册影印过万历本。1959 年，中华书局上海编辑所出版了《中国古代科技图录丛编初集 2

便民图纂》共四册，系石印郑振铎所藏万历本，并将序言首页及中间缺页补全。同年，农业出版社出版了《中国农书丛刊综合之部·便民图纂》，此书是一个整理本，系以万国鼎抄录的北京图书馆（现中国国家图书馆）嘉靖本为底本，由石声汉、康成懿、章熊参照郑振铎所藏万历本整理并加校注，卷一、卷二影印自万历本，删去卷九、卷十所谓"迷信之类"内容；2021 年，中华书局将这个版本进行再版，据 1982 年 3 月第 3 次印本重排，并重新核对了底本和校本，名为《便民图纂校注》。2009 年，广陵书社影印出版《便民图纂》万历本。2018 年，文物出版社影印出版《奎文萃珍·便民图纂》嘉靖本。另《便民图纂》还被影印收入大型丛书如北京燕山出版社的《古代类书集成》之中。

　　嘉靖本《便民图纂》十六卷的内容分别是：卷一"务农之图"，卷二"女红之图"，卷三"耕获类"，卷四"桑蚕类"，卷五"树艺类上"，卷六"树艺类下"，卷七"杂占类"，卷八"月占类"，卷九"祈禳类"，卷十"涓吉类"，卷十一"起居类"，卷十二"调摄类上"，卷十三"调摄类下"，卷十四"牧养类"，卷十五"制造类上"，卷十六"制造类下"。万历本系将嘉靖本卷一、二的版画并为一卷，故少一卷。

　　书中关于饮食的部分集中在"起居类"和"制造类上"，系关于饮食宜忌、食谱及农产品的加工等事宜，内容与《居家必用事类全集》《臞仙神隐》《多能鄙事》等书有所重合。本次整理即撷取这两部分中与饮食相关的内容，包括"起居类"中的饮食宜忌、饮酒宜忌、饮食犯忌、解饮食毒四篇，以及"制造类上"中的八十三种食品的制造、收藏方法，以嘉靖本为底本，校以万历本。总体而言，这两个本子在饮食内容部分相差不大。凡不同之处，关涉内容及食材处理方式等，均出校记，如编者认为系后出转误之处，则不出校，另略加注释，以裨读者阅读之便。

目 录

农圃便览

便民图纂

农圃便览

〔清〕丁宜曾 撰

小 石 点校

自　序

吾五岁入家塾，先大夫为之训诂，至学稼章，闻圣人不如老农老圃之言，辄诩诩，以为人当事大人之事，安用此琐琐者为？

少长，从宦游，读书官署，不暇分五谷。迨先大夫效力之后，余产无几，遽捐馆舍，吾兄弟卜居西石梁村。数年后，生齿日繁，家计愈拙，读书之志，易为谋食，乃躬亲农圃之事。自悔少未习惯，因殚心咨询，凡有所得，辄笔之于册，或采《农经》《花史》以补咨询所未及，先外祖松庵公、外叔祖沧冥公、堂族祖墅鹤公农书亦并谨录，久而成帙，名之曰《西石梁农圃便览》。以事皆身历，非西石梁土所宜，及未经验者，概不录也。客见而悦之，余谢曰：此吾三十岁后，二十年来，拮据卒瘏之暇所记。求田问舍，量晴较雨，琐琐事耳，不足为君道。君欲调和二气，冶铸万有，则盍请之为大人者。

乾隆二十年岁次乙亥令月，丁宜曾树圃氏书于西石梁之强善斋。

治食有法

羊肉忌铜器盛。洗猪肚用面。洗猪肠用白糖。糟蟹、腌蟹，灯照则沙，加皂角半锭，置坛内，可久留。洗鱼，少入生油，则无涎。煮鱼，加木香❶，不腥。煮鹅，入樱桃叶数片，易软。煮鸡鸭，投凤仙子、山楂，易烂。煮羊肉，加核桃则不膻。煮猪肉，封锅口，加楮实子❷少许，易烂又香；忌桑柴火。煮腊肉将熟，投烧红木炭数块入锅，则不油衰气。凡熟肉，屋漏沾着者，为漏脯；热肉密盖过夜者，为郁肉，皆有毒。鹅脂熬化，即以其嗉盛之，则不渗漏，虽金石瓷玉之器，无不渗者。瓜两鼻两蒂，皆杀人；瓜沉水者，有毒。干姜化胎。檐下菜有毒。苋菜与鳖同食，生鳖症。果未成核者，食之发痈疽，患寒热。酒酸，用小豆炒焦，盛袋内，入酒浸，或入甘草四钱，官桂、砂仁各二钱，研碎入酒，酒多再加；或用铅乙片，炙热入酒，封固，次日可用。如有喜事，亲友馈酒，美恶不齐，欲共乙处，将陈皮二三两，入酒封固，

---

❶ 木香：蔷薇科蔷薇属，攀援灌木，叶略小于蔷薇，花分单瓣、重瓣，有黄白等色，气味甜美，望如香雪。
❷ 楮实子：别名楮实、构泡，为桑科植物构树的干燥成熟果实，肉质，球形，成熟时呈橙色。

三日取用。鸡蛋入酸酒浸，亦止酸。蜜煎诸色果，果大者切薄片，小者全，用水煮乙沸，去熟水，另用清水浸过宿，压干，入瓷器内，好蜂蜜下锅，文火仅化开，亦入瓷器内，候七日，取出果，将蜜入锅，熬水气尽，再入新蜜，方入果浸，如此三次，则蜜透功成。大抵蜜见火，果不见火。收藏蜜煎果，黄梅时换蜜，以细辛末放顶上，不生虮虫。凡糟菜先用盐糟，过十余日取起，拭尽旧糟令干，别用好糟敷之。大抵花醆，多因初糟，醋出宿水之故。必换好糟，方可久留。擀素面，必用绿豆粉为粖，每面乙斤，入盐三钱，和如落索面，停时更频入水，和为饼剂，揣百遍，擀饼切之，耐煮，亦可作馄饨、烧卖皮。拌茶用兰、桂、玫瑰、蔷薇、木香、栀子、茉莉、莲、梅等花，香气全时摘拌，三停茶，乙停花，收瓷罐中，花茶相间填满，纸箬❶封固，入锅重汤煮之，待冷取出，用纸裹，火上焙干。若上好细茶，忌用花香，反夺真味。烹茶用活水、活火。活水，溪河之水也；活火，谓炭火之有焰者。若柴薪浓烟，既损水味，何昭茶德。吾乡炭贵，客至瀹茗，皆草火燎水，点卤冲兑，三沸之法，置之不论。

---

❶ 纸箬：即粗纸与箬竹之叶，清代有粗纸箬叶业商帮。箬竹为禾本科箬竹属，其叶可供包物、编织，如包粽子、封酒坛等。

清道光年间红彩绳纹状元红酒坛（故宫博物院藏）

春

正　月

白　虾

白虾洗净晾干，剪须尾，每斤用盐一两，火酒化开，拌虾，量加花椒，入瓶扎紧。若用白糖，则不用盐。

皮　酒

用火酒十斤，饧糖五斤，黄酒二十斤，当归五钱，陈皮、栀子、香附各二钱，砂仁、五加皮各三钱，浸六十日取用。若自做烧酒，名稀熬者，与黄酒平兑，药亦少增，季春以后，腊黄渐穷，不得不预备也。

枣　酒

用红枣二斤，洗净，炒胡。加小茴、五加皮各三钱，香附、当归各一钱，夏布袋盛，浸稀熬六十斤。

状元红

用五加皮一两，桂皮四钱，陈皮、当归、甘草、木香各一钱，蜜一斤，橘饼不拘多少，红曲一两，夏布袋盛，浸大曲蒸酒十斤，入坛，重汤煮一炷香。

二 月

辣萝卜

悬檐下，至夏秋间，有病痢者煮水服即止，又能止嗽，愈久愈妙。

三 月

种薏苡

其仁健脾益胃，补肺去风，清热胜湿，消水肿，治脚气，且酿酒甚美。

糟豆腐

用绢袋过汁，做极细豆腐。切片约二指厚，用炒盐擦过，放箔上晒六七分干。又用淡盐汤煮一滚，取出，晒七分干。每二升黄豆之腐，用一升糯米作酒娘，起出浆一半，余浆并糟，加香油、椒茴末拌匀，糟腐，秋后取用。

皮 蛋

用新生鸭蛋百枚，将风泛石灰矿子不经水者升半，真新炭灰三升，盐七两，柏叶些须，河水调匀，分作百块，将蛋包好，收坛内，封固，勿冒风，百日后取用。腌蛋百枚，用盐四十两，水五斤，和泥包之，四十日取出，另用坛贮，不用原汁浸。

比目鱼

必待煮熟，方加盐。若早加，或用盐腌，即成粉。

做醋脚

先于冬月用黄米二斗做酒，照常使曲。至寒食前五六日，榨酒取糟，再将蜀秫❶二斗，磨破取米，做坯，晾冷，加好曲面三升，同糟拌匀，如发麸面状，入瓮按实，盖着，候发裂纹，再消下去，用麸培二指厚，上用糯稻糠培三指厚，盖严。秫坯要干，勿稀。

采青杨叶

采青杨叶，瀹熟，晒作干菜，若至谷雨则老。

做酸浆

清明熟炊粟米饭，乘热倾入冷水，盛以小罐，浸五六日，酸便可用。天热逐日看，才酸便用。如过酸，成恶水矣。

---

❶ 蜀秫：又作蜀黍，即高粱。

做霉干菜

将秋腌菜食不尽者，沸汤淖❶过，晒干，瓷器收贮。夏间将菜温水浸过，压水尽出，香油拌匀，以碗盛，顿饭上蒸食甚佳，炒肉亦美。

豆豉

豆豉食不尽者，蒸熟，晒干为末，作秋间腌瓜齑料，亦可炒豆腐。若不蒸晒，必坏。

腌香椿芽

取肥嫩者，盐腌器内，过宿，次日取揉，每日三次，至五日后，看芽俱透，置屋内，晾半干，入坛，炒盐培之，十余日取晾一次，否则坏烂，至白露后便不用晾。

采臭棘❷芽

采臭棘芽，滚水焯过，逐日换水，浸至不苦，晒干收。

---

❶ 淖：即焯，入水中一沸取起。此书似热水焯作"淖"，而油焯作"焯"，"炸"亦同。

❷ 臭棘：即枳，山东称臭棘，各地名称不同，又名枸橘、青皮等，芸香科。

夏

剥榉皮

在中伏，晒干，水润打绳，坚韧可用。榉俗名平柳，叶可为茹，亦可煮茶。

割韭禁忌

割韭忌日中，夏日尤甚。谚云："触露不掐葵，日中不剪韭。"又忌干土剪割。留子者，五月以后不可再剪。常薅去草，则结子成实。

收火腿

收火腿、鱼子、甜晒鱼虾，用麦糠培瓮内。紫菜、香蕈、天花❶、山丹之类，瓷器盛，俱置炕上。

梅　饼

用干梅一斤，水泡，漉出，蒸，去核捣烂，再入硼砂一钱，

---

❶ 天花：天花蕈，又名天花菜，生五台山。

〔清〕蒋廷锡　月季披秀（局部）

冰片一分，白糖一斤，熟糯米面一饭碗，同捣为饼，或为丸，瓷罐收。

梅苏丸

用干梅一斤，水泡，漉出，蒸，去核捣烂。再入鲜紫苏叶五钱，薄荷叶四两，檀香末二两，白糖斤半，熟糯米面不拘多少，同捣为丸，瓷罐收。

夏月腌肉

先去骨，炒盐细擦周到。将肉皮打数百下，使盐渗入，置日中晒。晚放凉石上，压以大石。次日擦盐再晒，至晚收入器内，加盐腌之。水肉多晒一日，干肉做神仙肉亦妙。

四　　月

采木香花

采木香花熏茶。

采野蔷薇花

采野蔷薇花拌茶，煎服治疟疾。

炒　笋

将笋去净皮，横切厚片，烧锅极热，入香油、生姜、酱油，炒笋熟，加整花椒数粒，清黄酒少许。

黑腌菜

将白菜如法腌透，取晒极干，蒸熟再晒干，收贮，炒肉甚佳。

蒸干菜

拣肥嫩不蛀好白菜，洗净，煮五六分熟，晒干。以盐、酱、椒、茴、白糖、陈皮同煮极熟，又晒干，再蒸片时取出，瓷器收贮。用时以香油揉，微入醋，饭上蒸。

腌银刀

腌银刀、马鲛、鲳鱼，俟九月廿后，做酒娘糟之。

腌塌板鱼❶

塌板鱼，盐腌去皮，水洗过，晒干，草灰培之。

蒸鲥鱼

鲥鱼去肠不去鳞，用布拭去血水，置旋❷内，加浆酒或火酒，白糖亦可，肪脂、葱、姜、花椒、盐水蒸之。鲳鱼照此法做。秋月得鲥，亦照此法做。

---

❶ 塌板鱼：应即舌鳎，比目鱼的一种，体扁，两眼均位于头的左侧，又称牛舌、踏板鱼等。

❷ 旋：即镟，平底锅。

煮乌鲗

先以凉水洗净,乘滚汤下锅,煮一滚,停住火,少刻再煮,即烂。若先热水洗,则不烂。

拌　醋

看醋脚瓮边, 有酒鬼虫❶甚盛, 则恰好拌醋矣。先将糠并坏坯并黑色者去净, 将好坯取出, 加麸二斗五升, 粗糯稻糠二斗, 穄砻糠四斗, 拌匀。以手握看, 手桠有汁不滴为度。盛瓦瓮内, 上空半瓮, 盖着。若至七八日不发热, 是过湿, 再加糠拌。若太干, 亦不发热, 用小米煮汤洒瓮内。候发热, 将瓮口加棍撑开风路, 早晚将发热者拌至不热处。候发热到半瓮, 将热坯搬出, 另将未热者倒在上面, 已发热者在下面, 俟上面者发热, 仍前拌弄。候热至半瓮, 即将瓮内坯抄拌到底。次日加盐一升拌匀, 三日后即加汤淋出。若瓮大坯多, 发热到半瓮, 即先取出拌盐先淋, 否则过热烧坏。熬醋加香油, 甚妙。不用椒茴, 熬出日晒, 冬置屋内, 勿使冻坏。

收金银花

收金银花, 阴干, 贮罐内。置炕上, 否则蛀。

---

❶ 酒鬼虫:应即鼠妇, 平甲虫科, 又称潮虫、草鞋板等, 生活于朽木、腐叶或石块下, 喜阴暗潮湿环境。

〔南宋〕马世昌 樱桃黄雀图

嫩蒜薹

嫩蒜薹，劈开，滚水焯过，加虾米、鸡丝、油、醋拌食。

樱桃干

用熟樱桃十斤，白糖三斤，将樱桃从蒂上去核，实糖其中，余糖拌匀，放碗内，过宿。次早滚汤蒸碗，看糖汁起星❶，取起。用竹筛衬油纸托之，炭火烘干，冷定仍入汁浸，瓷罐收贮，时常晒之。

状元红

用玫瑰花，去心蒂并白色者，矾水漉过。再将盐梅用水洗，挫碎❷。铺花一层于碗内，稀撒梅一层，白糖一层，腌过宿。入锅，蒸极透，瓷罐收。蔷薇同法。

玫瑰糖

取纯紫玫瑰花瓣，捣成膏，梅水浸少时。夏布绞去涩汁，多糖研匀，日中晒。

蒸蒜薹

将薹切寸金❸段，每斤用盐一两，腌出臭水，略晾干。拌酱油、糖少许，蒸熟，晒干，收。或用甘草水拌蒸亦可。

蒜薹干

将长薹盐腌三日，取出，晒干。原汁煎滚，焯过，又晒干。蒸熟，瓷罐收。

---

❶ 起星：即有气泡，未全沸时。

❷ 挫碎：以刀细切成丝条状。

❸ 寸金：长一寸。可参见《水浒传》中的"寸金软骨"。

水晶蒜

拔薹❶后七八日，刨蒜，去总皮，每斤用盐七钱拌匀，时常颠弄，腌四日。装瓷罐内，按实，令满，竹衣封口，上插数孔，倒空❷出臭水。四五日取起，泥封，数日可用。用时随开随闭，勿冒风。

糖醋蒜

嫩蒜去总皮，盐腌一宿，空干❸。入瓷器内，蒜一层，掺红糖一层，层层相间。将熬过醋，露一宿浸之。蒜薹同。

水萝卜

水萝卜五斤，切条，用盐四两腌过宿，卤中洗净，捞出，布包石压出水，稀撒箔上，晒竟日。加黄酒、香油、椒茴末拌匀，瓷器盛，三日可用。

五　月

晒红花饼

采红花，揉去黄汁，拍饼晒干，勿令浥湿，浥湿则不鲜。

---

❶ 拔薹：即蒜生薹，拔或"勃"之音转。
❷ 倒空：即倒控，翻转沥干。
❸ 空干：即控干，沥干。

煨　笋

就竹边扫竹叶煨食甚佳。芒种以后，出笋不成竹，可供食。若天旱，至此遇雨，先出者亦成竹，二三番者必枯，故山谷云："笋看上番成。"

煮　笋

用沸汤，则易熟而脆。若蔫者，入薄荷少许同煮，则不蔫。与猪羊肉同煮，则不用薄荷。凡采笋过宿曰蔫。

糖　笋

将笋去净皮，十斤，入极沸汤煮熟。加酱油一斤、白糖斤半再尝，甜咸相称，用文火煮。时煮时停，看汁将干，取出晾冷，晒干，瓷器收。

盐　笋

干鲜笋去净皮，十斤用盐四两，入锅，水与笋平，盖严，武火煮滚，后俱用文火，时煮时停，以干为度。取出灰火焙干，收贮。笋在锅过宿则黑，热晒则枯。

杏

杏性热，生痰及痈疽，不可多食，小儿、产妇尤忌。收熟杏核，晒干，俟八月内取仁任用，取早则腻。人食杏仁中毒，迷乱将死，取杏枝切碎煎汤服，立解。

〔清〕顾洛 蔬果图（局部）

青 梅

青梅切片，去核，每斤用盐三两，腌两宿，去汁，矾水焯过，晾干，白糖培之。

蜜 梅

用青梅切开，去核，每斤入盐三两，腌两宿。加矾，腌两宿。去汁，加蜜二两，腌两宿。去汁，又加蜜四两，腌两宿。将汁空出，入梅酱用。再入多蜜浸之，加玫瑰花更妙。七日后蜜渐稀，取果出，将蜜入锅熬，水气尽，再加新蜜，冷定，方入果浸。

糖脆梅

用青梅以刀划成路，将熟冷醋浸过夜，取出控干。别用熟醋调沙糖浸没，盛以新瓶，竹衣扎口，仍覆以碗。藏地内，深半尺，上用泥盖。过白露节取出，换糖浸。

盐 梅

用大青梅，每斤拌盐四两，日晒夜浸，俟干任用。

红 梅

用八九分熟梅子，单排笼内，蒸熟，连笼置日中晒干。

〔清〕董诰 仙源瑞实图

若再露一夜，拌皂突❶内灰，即乌梅。

梅　酱

用熟梅，蒸烂去核，每肉一斤，加盐三钱搅匀。日晒至红黑色，加白豆蔻仁、檀香末些须，紫苏、白糖调，瓷器收。又方：熟梅四斤，打破，加盐一斤，腌以无盐粒为度。加红糖五斤，紫苏叶四两，薄荷叶二两，轻纱罩定，日晒成酱，入罐。再晒数日，勿着雨水。

桃　干

用五月桃八分熟者十斤，蒸皮绉，取出，去皮剖两半，去核。加白糖三斤，一层桃，一层糖，腌至次日。用竹筛衬油纸二层，将桃排上，炭火烘。至夜冷定，仍入汁浸，来日再烘。俟收完糖汁，再烘干，瓷器收。

桃　纸

将桃蒸熟，去皮核，夏布扭出汁，摊漆桌上，如纸薄。日晒将干，撒白糖一层，揭起。盒盛，勿见风。

---

❶ 皂突：即烟囱的方言，或写作"灶突"，见《淮南鸿烈解》卷十八："突，灶突也。"《后汉书》卷一百二十："先吹灶突及井。"《东京梦华录》卷十："又击如灶突者。"

文官果（选自清弘昼等《钦定授时通考》）

摘文官果[1]

此君如栗之乍乳而加嫩，似莲之初目而尤甘。加以房中心密，若规杨梅之通体横陈；室内神清，如诮荔支之将肤都艳。诚山中之白云，亦寰宇之介士也。但恨壳大而无当，实少而仅存耳。

栀子花

栀子花折处捶碎，插盐内，则不变色。大朵重台者，糖蜜制之，可作佳果。面拖，油煎，入糖，亦妙。

冰梅丸

先于朔日，用青梅二十个，盐十二两，同拌腌。至初五日，取梅汁，入白芷、羌活、防风、桔梗各二两，明矾三两，猪牙、皂角三十条，俱为细末，拌汁和梅，入瓶收之。凡中风、痰厥、牙关不开、喉闭乳蛾，每用一枚，噙咽津液，或搽牙上。

艾香粽

用糯米淘净，以艾叶捶水浸过，夹枣核、桃仁、青丝、赤小豆，以箬叶包之。

---

[1] 文官果：无患子科文官果属落叶小乔木或灌木的果实，别称文冠果、土木瓜等。

〔五代〕徐熙 写生栀子图

六 月

水 鸡

水鸡去皮,洗净,入油锅,加葱、酱烧热,再用杉木熏之。

六月霜鸡鸭

将牲切大块,油炒,再入水、酒、醋煮八分熟,入酱、葱、花椒煮熟,取起,去汁,以白米炒熟为面,掺之,可二三日用。

熏　鸡

每只用盐一两，花椒些须，水煮熟，取起，去汁。用杉柏末或柏叶置锅底，以铁撑架鸡其上，盆盖严，勿令透气，以大火烧锅。少时便住，但不可漫火久熏。肉同法。

踏　曲

麦一斗，磨面麸斗半，约用水二十四黑碗，拌入模，踏之。加绿豆半升同磨，更好。

甜　酱

用黄豆五升为细面，加麦面二斗，引浆水和，软硬得法。拍成二指厚饼，蒸熟冷定，渐❶入屋内，黄蒿盖，十四日取出，晒极干。

做酱黄

用黄豆一升，炒八分熟，为细面。加麦面一斗，同前法和蒸渐晒，湿布拭净。处暑后为末，粗罗罗过，名曰酱黄。用酱瓜茄，并做腐乳。

渐酱油

用水拌新麸，以不见干麸为度，勿太湿。摊席上，厚二指，秫叶去净露水，盖渐七日，取出晒干。

---

❶ 渐：方言，指令黄豆发酵的一种制作方式。

澌豆豉

用大黑豆，煮烂，置筛内晾，过宿用面拌匀。豆湿必多用面，方不误事。摊席上，匀指多厚，摊完，再撒面一层。天热开窗，风凉闭窗。至第三日，用秫叶盖豆，澌七日，取晒，簸去黄毛听用。亦可做十香瓜。若澌豆不佳，做豉必不堪。

秋

豆角干

豆角嫩者滚水焯熟，晒干。眉豆同。

番瓜干

晴明日，摘将坏小番瓜，切薄片，即日晒干。美同干笋，不坏者不佳。

神仙鸡

用本年小鸡一只，挦毛，去肠，洗净，腹内入盐少许，花椒数粒，葱白二枝。锅内置水碗余，烧滚，架鸡其上，瓦盆盖严，用草十四两细烧锅底，即熟。

七　月

踏露曲

立秋取稻叶朝露，和白面五升，纯糯米面二升，去皮尖杏仁四两，去梗青花椒少许，和成块，黄蒿包，挂冲风处，

〔清〕顾洛 蔬果图（局部）

四十日取用。

腐 乳

用细腐干，切象棋子大，蒸透，即用笼盛着，速以稻草铺盖。七日发露如长毛，取出，黄酒洗净，加红曲、花椒、茴香、炒盐末，浸以白酒娘，二十日可用。或用干蒸酒浸，酌加酱黄。

烧 茄

用酱三两、油三两，茄十枚去皮蒂，排锅内，盆盖烧。候软如泥，入椒盐拌。加蒜更妙。

腌黄瓜

稍瓜❶或整用，或开两片，去净子瓤，细擦盐，腌过宿，弃汁。取晒至晚，另擦盐腌。次日取晒，留汁另贮。至晚再腌，次日再晒，俱贮汁候用。看瓜晒出盐䴵❷，便不用腌。排坛内，将前汁熬数滚，候冷浸之。

黄瓜切两片，去净子瓤，盐腌三日，取晾半日，入卤酱十余日。滚水晾冷，洗净，晾干，入好面酱腌。极嫩黄瓜整腌之，尤肥美。茄同法。

---

❶ 稍瓜：即越瓜，又名菜瓜、羊角瓜、生瓜等。葫芦科植物。
❷ 盐䴵：即盐水干后留下的白色痕迹。《玉篇·卤部》："䴵，各党切。盐泽。"

腌韭花

于韭花半结子时收摘，去梗蒂，每斤用盐三两，同捣烂，入罐。先别用盐腌小茄、小黄瓜，腌出水，晾二日，入韭花拌匀，用钱三四文着罐底，收贮。

晒　曲

夜承露水，勿见霜着雨。

泡甜酱

用火日，先将晒干黄子湿布拭净，碾为末，粗罗罗过。每斤用水二斤，净盐四两，入锅熬沸。取出澄清，候冷去脚，入黄面泡之。

甜酱瓜

先将苦瓜去瓤，十斤用石灰、白矾各两半。煮水极沸，取出，候冷去渣，泡一昼夜，取出洗净，酌用盐腌过宿。滚汤掉过，晾去水气，不可日晒。拣去烂者，再加稍瓜、黄瓜，去瓤，嫩茄子不拘多少，每斤用酱黄一斤、炒盐四两，将数内盐腌瓜茄过宿，次白入酱黄拌匀，盛瓮中。清晨盘入盆内，日夕盘入瓮中，十余日即成。或将苦瓜同前法制过，拣去烂者，每斤用酱黄一斤、炒盐四两，拌匀入瓮。四十日取瓜，少带酱，入坛收。余酱或食，或再酱蔬菜。

糖醋瓜

用苦瓜一斤，切小块，加盐两半，腌过宿，将汁漉出。煎滚，候冷，入瓜拌，晒二三日。再加好醋半斤，白糖四两，椒、茴、砂仁末，紫苏、橘丝、姜丝少许，拌匀，数日可用。

黄瓜茄子

黄瓜、茄子不拘多少，先用酱黄铺在缸内，次以鲜瓜、茄铺一层，盐一层，又下酱黄、瓜、茄、盐，层层相腌五七宿，烈日晒之。欲作干瓜，取出晒之。

瓜　丁

用苦瓜二斤，切小块，加盐八两，腌过宿，漉起。将卤入水半斤，煎滚掠过，晒半干。用好醋一斤煎滚，候冷，将瓜同姜丝、紫苏、嫩茴香梗加白糖半斤拌匀，收贮。

糖醋茄

用嫩茄，切三角块，沸汤掠过，布包压干。盐、醋腌一宿，晒干。加生姜、紫苏、橘皮丝、茴香末拌匀，煎滚，糖醋浇，晒干收贮。用时以汤泡过，香油炸用。

鹌鹑茄

用嫩茄切细缕，淖过，控干。以盐、酱、椒、茴、陈皮、甘草末拌，晒、蒸、收。用时以汤泡软，香油微炒。

芥末茄

用嫩茄，切条，不洗，晒半干。多着香油，加盐炒熟，晾冷，用干芥末拌和，瓷罐收。

茄　干

大茄切三片，小二片，河水浸半时，捞入锅内，加盐，用水煮一滚，取出。晒至晚，仍入原汤，再煮一滚，留锅内。明早又煮滚，取晒至晚，如前再煮，以汤尽为度。晒极干，入坛收。稍瓜去瓢汁，夏布拭过，丝瓜去粗皮，俱照上法做。又法：大茄煮熟，劈开，用石压干。趁日色晴，先晒砖瓦令热，摊茄于上，晒极干收。正二月，和物食之，其味如新。又方：茄切片，晒干，用盐、酱、椒、茴、陈皮、砂糖、水同少煮。又晒干，再蒸少时，晒干收。葫芦切条，照上法做。

茄　鲞

将茄煮半熟，使板压扁，微盐拌腌二日，取晒干。放好卤酱上面，露一宿，瓷器收。

八　月

薏　苡

获薏苡，取其仁，打碎，同粳米煮粥。日食之，大有益。

玉簪花

玉簪花瓣，拖面，香油炸过，入少白糖，香清味美。取未开者装以铅粉，线扎两头，日久犹芳，兼治雀斑。

稍　瓜

稍瓜分两片，去瓤，又横切薄片，晒干。加姜丝、糖、醋拌匀，瓷器盛。

食香瓜

用苦瓜，切棋子块，每斤用盐八钱，加生姜、陈皮丝、椒茴末，同瓜拌腌二日。控干，日晒，晚收入汁。如此三，勿令太干，装坛。

瓜　齑

用大苦瓜，切两片，去瓤，略腌出水。每个用生姜二钱，陈皮五分，薄荷、紫苏嫩叶少许，俱切成丝，茴香炒砂仁末少许，用线扎成个。置好酱内七日，取出切碎，瓷罐收。

梨　酒

用好熟梨，连皮核切大片，排坛内令满。灌以上好火酒，封口，土埋三月取用。能润肺凉心，消痰降火，解毒涩精。

梨 膏

将梨捣烂，扭汁，入沙锅或铜锅内，文火熬至滴水成珠。凡酸梨，换水煮熟，则甜美。

梨 干

甜梨去皮，切厚片，火焙干，允为佳果。

青 豆

黄豆将晾苍叶，七八分熟时，连秸割来。摘角，盐水煮八九分熟，捞出，剥皮。用筛盛豆，灰火烘干。

玉露霜

用绿豆粉团三茶盅，细罗罗过。先以薄荷叶密铺笓[1]上，叶上铺纸一层，摊粉纸上。上又用薄荷叶密覆两三层，仍用纸盖严，入锅蒸之。水一滚，再烧三把火便取出，火候不可过。入糖一茶盅，糖亦用粗罗罗过，拌匀印果。如太干，入熟水少许。或将粉蒸出，瓷器盛，勿出气，用时现拌白糖印果。

新 枣

新枣才熟，乘清晨连小枝叶摘下，勿损伤，通风处晾去露气。用新缸无油酒气者，清水刷净，火烘干，晾冷。

---

[1] 笓：以竹片制作的蒸片。

净秆草晒干，候冷，一层草、一层枣，入缸封严。冬月勿致冻坏伤热，可至新正，充鲜品。

剥枣

《齐民要术》云："旱涝之地，不任稼穑者，种枣则任矣。"枣全赤，撼而落之。先治地令净，有草则令枣臭。架箔椽上，以无齿木杷聚而散之，日二十度乃佳。夜不必聚，得霜露气速成，如有雨，则聚而苫之。五六日，选红软者，上高箔晒之。膀烂者去之，不则恐坏余枣。其未干者仍如法晒。

嫩藕

嫩藕捣碎，盐醋拌食，可以醒酒。绿豆粉调沙糖，灌藕孔中，扎定，煮熟，切片用。藕切斜片则不脱。

蜜煎藕

取嫩藕，去皮，切条或片，焯半熟。每斤用白梅四两，煮汤一大碗，浸藕一时，捞出，控干，以蜜六两浸过宿，去汁。另取好蜜十两，漫火煎如琥珀色，放冷，入瓷罐收。

糖煎藕

用大藕五斤，切碎，日晒出水气。沙糖五斤，蜜一斤，金婴❶末一两，同入瓷器内，泥封口。漫火煮一时，待冷开用。

净 藕

净藕蒸烂，风前吹晾少时，石臼中捣极细，入糖再捣令匀。取出作团，停冷硬，净刀随意切食。糖为佳，蜜须适中，过用则稀。百合芋俱可照法做。藕以盐水供食，则不损口；同油炸米面果食，则无渣。

酥❷ 柿

用水一瓮，置柿其中，数日即熟。或埋河沙水中，二日取食，更甜脆。与蟹同食，令腹疼。

柿 饼

用大柿，去皮，捻扁，日晒夜露至干，纳瓮中，自生柿霜。食柿饮醇酒，患心疼。

核 桃

核桃熟时摘下，沤烂皮肉，取核。用粗布袋盛，挂当风处，则不腻。留种者勿摘，俟其青皮裂自落乃佳。

---

❶ 金婴：即金樱子，为蔷薇科植物金樱子的干燥果实。
❷ 酥，又作㵋，专指将柿子泡在热水或石灰水中，除去其涩味的方法。

嫩青黄瓜

嫩青黄瓜，切条，悬通风处成干。

刀豆干

刀豆蒸晒作干。

煎　鸡

用嫩肥鸡，挦毛，去肠，洗净。香油煎熟，酱油少加醋烹之。

瓜　齑

用苦瓜，去净瓤，百沸汤掠过。每十斤用盐五十两，匀擦翻转。加豆豉末、酽醋各半斤，甜酱斤半，椒、茴、干姜、陈皮、甘草各五钱，芜荑二两，并为细末，同瓜拌匀，入瓷瓮腌。压于冷处，半月可用。

十香瓜

用渐过大黑豆三升，姜丝一斤，橘丝三两，法制杏仁半斤，椒茴末各两半，白豆蔻、草果、甘松、五味子各些须。将苦瓜切丁，十斤用盐斤半，拌腌二日。取出，晾干，同前物料拌匀。入腌瓜水八碗，火酒四碗，装坛令满。扎口，泥封，置日中轮晒，月余取用。又方：大黄豆二升，煮熟，以麸罨热，去麸，嫩瓜茄各五斤，切丁，用盐五两，腌过宿，去水。加橘丝一斤，姜丝、嫩紫苏各十两，法制杏仁八两，桂花五两，甘草五钱，盐十两，拌匀入坛，按实，烧酒灌满，泥封。晒二日取出，拌入花椒、茴香、砂仁末各两半，再装入坛，泥封晒之。

做豆豉

用浙中豆簸净十斤，花椒煮水，候冷，洗豆，晒干，再用烧酒泡一夜。掐豆看之，如无干心，方加盐料。先将杏仁一斤，滚水焯去皮，日换凉水浸十四日，再用盐水煮顷刻。鲜姜一斤，去皮，切粗条，滚水焯过。嫩茄六斤，连皮切方块，盐腌，石压出水，晒八分干。腌透苦瓜切丁二三片，嫩紫苏、橘丝各三两，官桂、草果各五钱，大茴一两，小茴、甘草各二两，花椒三两，俱为细末，炒盐二十两，同拌匀。入小坛，灌以好烧酒。大约浮则坏，坚则不坏；干则坏，湿则不坏。加腌嫩草麻子、西瓜子、甘露子、核桃仁，食之所嗜，酌量加之。盐泥封固，向日轮晒四十日，取用。豆豉如法拌匀入坛，不用烧酒，但用香油浇灌，久贮不坏，第非贫士所能。

水豆豉

用水三斤，盐四两，煎卤，冷定。泡浙中豆一斤，晒四十日。加甜酒一斤，椒、茴、草果、官桂、陈皮末各一钱，姜丝、法制杏仁不拘多少，拌入再晒，常搅。数日装坛，封固，过年更佳。

收苏子

晒干收，炒熟入糖煎、拌芝麻，均为佳品。

月　饼

用白糖七两，瓜子仁、核桃仁、橘饼各二两，青红丝、松子仁各一两，桂花、玫瑰不拘多少，香油二两，作馅子。或加生白面四五两，再用熟面十两，生面六两，脂油六两，白糖五两，加水少许，酌面之干湿，以软硬得宜为度，作皮子。包馅，少按，入炉。或用白面一斤，白糖五钱，脂油五两，滚水一茶盅半，和成，作皮子。或用白面二十两，油五两五钱，糖七钱五分，温水合成，又作酥加入。其酥用蒸熟晒干重罗白面十两，油三两，擦成。每面皮一两三钱，酥七钱，包住擀开，卷起，又擀，三次方匀，共重二两。作皮，凡熟面不可炒胡。

九　月

酱　茄

用秋后嫩小茄，蒸熟，布包压净水，晾干。入甜酱内，月余取用。咸酱内小茄切片，炙肿毒甚效。

拌酱油

凡渐中麸一斗，加豆四升，磨破，煮熟，连汁拌麸，入盐四升。如豆汁不足，添熟水拌，以手握，汁顺手丫流为度。贮坛内，盆盖，泥封口，晒。用时以胡大麦汤淋出，椒、茴同大黑豆熬至豆皮皱为度，去豆，收贮。

熟　柿

熟柿去蒂，入好曲末，蒸酒浸没，封口，来春取用。

酸　枣

酸枣取红软者，箔上晒干。入锅，加水仅掩枣，煮沸即漉出。入盆研，布绞，取浓汁涂器上，晒干，取为末。远行和米炒，解饥渴，甚妙。

做酒娘

用纯糯米，水泡透，蒸饭。盛筛内，置盆内，浇以冷水，水流盆内，约少半盆，另贮候用。再以冷水浇饭，以冷为度，复以先浇原汁浇饭过，酌留原汁。每一升米之饭，加原汁两饭碗，酌量拌曲子。盛小盆内，外又盛以大盆，盆内填碎稻草，最怕伤风。三日来浆，常以浆浇饭，七日便熟。出浆一半，另贮瓶内，重汤煮熟候用。留浆一半在糟内，每斤用盐三钱或二钱，拌匀入坛，数日糟物。大约米一升，可得糟六斤余，糟三斤，可糟鱼五斤。

腌　韭

将韭洗净，空去水，切二指长。每韭一斤，用盐一两三钱，一层韭，一层盐，腌三日，翻数次。装入罐内，原汁加香油浸之。

蝙　茄

用嫩茄，切四瓣，滚汤煮将熟，榻❶好酱上。俟稍咸，取出，加椒末、麻油，入笼蒸香，笼内托以厚面饼盛油。或煮熟晒干，用时滚水泡透，去蒂中木丝，加香油、酱油、椒茴末炒熟。

酸　菜

用肥嫩白菜秸，少煮，不可太熟，取出冷透。入罐内，温小米饭清汤浸之，勿太热，不用盐。才酸便用，陆续添汤菜，可竟冬食。

㽕山药

此蔬健脾益肾，最宜常食。筛盛置檐风处，不见日阴干，甚妙。

腐　乳

用绢过细豆腐十斤，切四方小块，入炒盐二十二两，腌七日。另倒入别器，使在下者在上。又过七日，取晒半干，用浆酒调酱黄成糊，将腐排瓷罐内，每层加酱糊一层，

---

❶ 榻：轻轻盖于物上，犹"搭"。

上留二指空。将腌腐盐汁再添浆酒灌满，封固两月后开用。如无浆酒，用好蒸酒、好烧酒亦可。酌加椒、茴、红曲末，亦好。

做　酒

淘米欲净，洗器务洁。翻糜必快，盖缸须迟。生水盐汁，遭之即坏。苦酒，每黄米一斗，用晒好麸面二升，若曲平常，少增之。露酒，用糯米四升，黄米六升，露曲面一升二合，露曲勿用陈者。

糟乌蛋❶

先将乌蛋泡过宿，择净晒干，临时用火酒洗过，入糟。加细盐、椒茴末，不用香油。糟虾米同。

糟　鱼

将上好咸鱼，水浸去咸味，再用石灰煮水，冷定，洗过，晾干。再用好火酒洗过，一层鱼，一层糟，装坛。将椒、茴细末入香油内，层层浇之，封固，四十日取用。大约糟三斤，可糟鱼五斤。若欲久留过夏者，鱼同前法洗过，每十斤用糟五斤，入坛半月后取起，拭去旧糟另用，再以火酒洗过，照前糟之。

---

❶　乌蛋：即乌鱼蛋，为乌贼科动物无针乌贼、金乌贼、白斑乌贼等的缠卵腺，包着鱼卵的胞衣，是传统鲁菜的"下八珍"之一。

糟白菜

将肥嫩不蛀好菜，搭阴处，晾干水气。俟叶秸俱软，每二斤用糟一斤、盐四两，拌匀，糟、菜相间，隔日一翻腾。十日后取起，拭去旧糟，另用好糟一斤、盐十两、糟菜三斤，糟菜相间，隔日一翻腾。待熟，挽定，入小坛，上浇糟菜汁，封固。

大头菜

用好芥菜，洗净，菜头劈为四瓣，绳系阴干。俟菜秸俱软，择去黄叶、老梗，每斤用炒研细盐三两二钱，分作数次，着力擦根，稍揉梗叶，俟盐入菜，仍早晚揉搓。倒弄❶半月后，取晾十日，加椒、茴末入心，以梗窝起，入坛，填极坚，泥封，置冷处，勿受地气。

辣　菜

用芥根，切细条，晒干，用滚水一淘即取出。酌量加盐，略揉，再加椒茴末、熟青豆、芝麻，少入香油，拌匀，贮罐内。又将萝卜切细条，少盐揉汁，浇入。即以萝卜丝填罐口，盖以萝卜片，碗封口，三日可用。或切粗条煮熟，闭之罐中，上盖萝卜片，三日后可用，蘸以醋油。

---

❶ 倒弄：犹"捣弄"。

芥　脯

先以盐腌芥叶，去梗，将叶铺开，如薄饼大。用陈皮、杏仁、砂仁、甘草、花椒、茴香细末，撒菜上，更铺叶一层，又撒物料。如此铺撒五重，以平石压之，笼上蒸过。切小块，调豆粉稠水蘸过，入油炸熟，冷定，瓷器收。

芥　齑

用青紫白芥菜，切细条，沸汤焯过。带汤捞入盆内，与生莴苣、熟芝麻、白盐拌匀，按入罐内。三日后变黄可食，至春不改味。

霉干菜

芥梗叶百斤，用盐二十二两拌匀，或盆或缸，重叠放定。压以大石，腌数日，出水浸过石，捞起晒干。以原汁煮半熟，再晒干，蒸过，置干净瓮中，任留不坏，出路作菜极便。六月伏天，用炒过干肉，复同菜炒，可数日不坏。若腌芥汁煮黄豆，并极干萝卜丁，晒干收贮，经年可食。

萝卜干

以萝卜切骰子大，晒干，用腌芥卤汁加花椒、小茴香同煮，再晒干。或以芥卤煮后晒干，拌椒茴末收贮。

淡芥菜

将菜切碎，淡腌，布包石压干。少加盐、花椒、茴末，放小坛内，按极坚实，竹衣封口。地上洒草灰，将坛口朝下放之。

冬

虾皮烘肉

用猪腿精肉，切薄片。温水少洗，香油炒半熟，入多酱，并醋、椒茴末各少许，炒至汁将干，将虾皮搓去糠，入肉锅内，不拘多少，以拌干肉汁为度，可久留。甜晒虾皮更佳。如远行，摊粗麻布上，用杉木烟少熏之。

炖牛乳

用牛乳一宋碗，细罗过净，入鸡蛋清五个，搅匀，细火炖之。

烧　鸡

用本年鸡，去腿翅，腌少许时，用油、酱、花椒末，先将腹内擦一遍，再用腌白菜秸、鲜葱、白果、栗子、核桃仁填入腹内，肫肝亦切碎拌入，用线缝住。用铁篦架鸡置锅内，漫火烧锅底半日，将油、酱、花椒末擦鸡三次，取用。

蒸　肉

用精肉，切薄片，腌少顷。以酱油、香油、醋、椒、茴各少许拌匀，熟薄饼铺笼，蒸熟。若再加香油煎，更美。蒸带肥肉，用熟米面拌肉。

烧猪头

先将猪头煮熟，去骨，切二两大块。用原汤二斤，黄酒三斤，醋半斤，甜酱一盅，大茴香、官桂末各一钱，葱数枝，蒜数头，同煮。至汤将干，加砂仁末五分，取用。

烹　蛋

先用虾米五钱，泡透，剁极碎。调鸡蛋十枚，箸调千下。入鸡汤一碗，酱油、黄酒各一小盅，生肪脂切小丁五六钱，盐花些须，调匀入锅，文火烹之。

酱　蛋

先将蛋煮半熟，取出，用箸敲碎壳，加好酱、茶叶、陈皮、桂皮末，入锅久煮。连酱收贮，愈久愈妙。现时用者，煮蛋半熟去壳，加物料久煮之。

炖　蛋

大碗用蛋六七枚，箸调数百下，入鸡汤并水，极满碗。加盐花、虾米、生肪脂，俱剁小丁，香油同搅匀，入锅炖之。

若用糖蜜酒娘炖，则不用盐。

芝麻酪

将芝麻用滚水荡过，布包捶去皮，捣烂。加粉团调成糊，入锅熬熟，加松子、瓜子、核桃仁，白糖调之。

海　蜇

用极白矾到者，切方块，入极滚水焯过捞出，速用凉水拔至冷透，加香油、白糖、葱姜丝、虾米汁，拌食。不可入醋，海蜇见醋即不脆。

熊　掌❶

用热淘米水泡一日，取起用面胡涂❷包，再加黄泥重包寸余厚，用豆秸火或炭火盘旋烧，至泥红为度。取出剥去泥面，毛亦随去。再用粗石磨光，洗净，入沙锅内，同猪蹄汤煨一日，即烂，再加花椒、酒、盐煮用。

西施舌❸

先用凉水洗净壳上泥沙，以刀劈开，去壳，取舌肉，洗

---

❶　熊掌：此处及书中其他涉及保护动物的内容，仅存文献，不提倡食用野味。
❷　面胡涂：亦作"面糊涂"，即稠面糊。
❸　西施舌：产浅海泥沙中，又名车蛤、沙蛤，其壳作长圆状，常吐肉寸余，如舌，故名。郁达夫《饮食男女在福州》一文中有述。

净。再将净水入锅，止用盐花、葱、姜少许，煮沸，方入舌肉，即刻取出，不可入荤油、酱油。

面　筋

面筋手撕大块，先将豆油熬沸，出尽豆气，炒面筋至红黑色，再加酒、醋、白糖、酱油、香油同炒少时。

蹄　筋

蹄筋用温水泡透，煮软入白肉汤，煮至极软，入鸡肉内任用。或煮极软，粘干糯米面，用油炸亦可。

鱼　膘

鱼膘泡软，煮熟，凉水拔冷。如未透，再煮再拔，但不可成胶。或泡软、择净、晒干，油炸亦可。

烧羊肉

用肥羊肉，投以核桃，煮熟。加盐、酱、椒、茴、葱、姜、酱油、香油、酒、醋，文火熬至汤将干，取出，放冷，切用。

鹌　鹑

鹌鹑去净小毛，从背上割开，去胸腿大骨，水洗四五次，去贴皮血，剁烂，仍相连。每鹑子十个，用水碗余，甜酱指大一块，香油一小盅，不用盐。入锅烧滚，加酱油、姜

〔清〕冷枚 梧桐双兔图

搅匀，煮八分熟。加浆半碗，搅匀，再煮熟，又入浆少许，略加香油、酱油拌碎，才使葱花，淡些为妙。

制　兔

将兔二只，水煮白色，切碎。加原汤三碗，黄酒三斤，酱油一斤，香油四两，脂油二两，椒、茴末各五分，葱十枝，米豆合许，细火煮至汤将干，取用。又方：将兔剁核桃大，煮熟，在锅内以原汤摆❶去渣滓，盛起。又将汤澄去渣滓，复将汤肉入锅。加红糖一两，饧糖二个，整葱二三枝，椒茴末钱余，脂油、香油、酱油、黄酒、盐同烧至汤将干，取用。

制　犬

将犬肉煮熟，加盐酱一盅，黄酒三斤，整葱、鲜姜、花椒。再煮至汤将干，加香油四两，酱油四两，少时取用。狗肚洗净，装入鸡蛋十个，狗脂、狗肠、椒茴末、葱姜、香油、酱油、黄酒，用线缝之，入汤煮。

蒸咸鱼

先将咸鳓鱼或鲳鱼水浸两宿，洗净，入锅，清水煮滚即取出。置旋内，加火酒六两，白糖三两，姜三片，肪脂、香油、葱白，隔水炖之。

---

❶ 摆：犹"汰"，即洗涤，清洗。

兔 脯

用鲜兔肉，水洗去血水，加肪脂、香油、山药、鸡蛋、葱，剁极烂，筐上铺豆腐皮或蛋饼，摊肉于上蒸熟。

鲨 翅

用水泡透，刷去鳞，煮熟，择出金丝。先将猪肉如法小炒将熟，入丝同炒。

燕 窝

燕窝用水泡软，择净，鸡汤掠过，任用。

制海参

先用水泡透，磨去粗皮，洗净，剖开，去肠，切条，盐水煮透。再加浓肉汤，盛碗内，隔水炖极透，听用。

制鲍鱼

先用水泡透，去肠，洗净，切片，同肉炒。

鸡 瓜

用鸡胸肉，切长条，姜丝、酱瓜、笋干、虾米水泡软，各等分。先将鸡下锅，少加香油、水，炒半熟，入笋丝炒熟，入姜、瓜、虾米、葱白丝略炒，加盐醋少许。

撺　鸡

用鸡胸肉切薄片，加香油、黄酒，粉团，入白盐些须，拌匀。再将鸡骨煮汤，去骨，入粉条、笋丝、香蕈同煮。汤极沸，入鸡肉，才熟即速取起，加葱姜少许。

脍　鸡

将肥鸡生切厚片，加香油、酱油入锅炒熟。再将鸡骨煮汤浸入，用文火煮滚，再入粉皮、笋片、香蕈、白果、栗子、核桃仁、葱、姜煮熟。临盛时，用黄酒调粉团少许，入锅搅匀。

炉　鸡

先将鸡煮八分熟，剁作小块。锅内放油少许，烧热，将鸡略炒，以碗盖定。再烧极热，用酒、醋各半盅，盐少许，烹之，候干再烹。如此数次，十分酥美。

炒羊肚

将肚洗净，切细条。一边大滚汤锅，一边熬热油锅。笊篱盛肚入滚汤，一焯即取出，用粗布速扭净汤气，火急入油锅内。炒将熟，加葱花、蒜片、酱油、椒茴末、酒、醋调匀，一烹即起，香脆异常。若迟即成皮条，不堪入口。

〔南宋〕毛益 鸡图（局部）

煮　肚

煮肚熟后，将纸铺地上，用好醋洒热肚，置纸上，以钵覆之。少顷取食，其肚顿厚。

熏　肝

先将猪肝用淡盐腌两宿，吊起空干，劙❶几道口子，填入椒茴末，外用纸糊，仍吊起。用时将杉柏巨末❷细细熏过，再蒸熟，去纸食之。若吊久，便不美。

千里脯

用牛、羊、猪肉精者，每斤用酴酒二碗，淡醋一碗，盐三钱，椒、茴，拌匀过宿。文武火煮至汁干，取晒，收贮，竟月可食。

猪头膏

用猪头捳刮极净，加盐，用水煮滚，去汤。另加水、椒、茴、酒、醋、酱油、葱、姜、甜酱、砂仁末，烧烂，取出。去骨并眼，以两腮合包耳鼻在内，夹整葱三四枝，橘丝些须，外用布裹，石压成块，切片食之。

---

❶ 劙：割。《荀子·彊国》："剥脱之，砥厉之，则劙盘盂、刎牛马忽然耳。"
❷ 巨末：即"锯末"。

鸡　松

用极肥鸡净肉，斩极碎，炒之。取出，再斩，再炒。不计遍数，务成散末。少用脂油，亦勿炒胡。再加酱瓜、酱姜、酱胡萝卜，俱斩❶极碎，合鸡斩匀，香油微炒，瓷器收贮。

炒　肉

用精肉，切薄片，酱油洗净，入极热锅爆炒去血水，微白取出，切成丝。再加酱瓜、蒜片、橘丝、香油、砂仁、草果、花椒末，炒熟，加葱花、酒、醋少许。

炰❷　鳖

用大鳖滚水去粗皮，再煮熟，拆开盖，加肉丁、鸡丁、白果、栗子，仍将盖盖好。入浆酒、酱油、香油、脂油各一酒盅，姜、葱少许，文火煮至汤将干，取用。

顷刻汤

用虾米半斤，甜晒白鲞或甜晒虾皮一斤，同焙干，为末。脂油一斤，酱油一斤，姜六两，花椒、茴香、砂仁末各三钱，共入锅熬熟。收瓷罐内，用时挑一匙于碗内，加葱花少许，

---

❶ 斩：或作"劗""刬"，音詹，以刀反复剁物。
❷ 炰：此处为蒸煮之意。《诗经·小雅·六月》："饮御诸友，炰鳖脍鲤。"

滚汤冲之，即成鲜汤。又方：好甜酱斤半，酒娘十两，脂油一斤，香油半斤，炒盐十两，花椒、胡椒、官桂末各三钱，小茴末五钱，杏仁制过打碎一两，共熬熟，罐盛调羹。

绿豆糕

将绿豆煮破，晒干，去皮，为面，罗过。每斤加白糖八两，糖用水少许润开，和豆末擦拌匀，摊笼上，刀劙如雪糕法。蒸一炷香，取出，冷定供用。

蜜　锭

用蜜四碗，灰汤一盅，香油一碗，和面，切锭，入油。

西洋糕

用上白面一斤，鸡蛋十六个，白糖一斤，黄酒少许，不用水，搅极匀，入炉。

千里糕

用白面一斤、白糖半斤，鸡蛋黄合成，加香油少许，不用水。切寸金段，入锅煿之。

麻　酥

用芝麻一斤炒熟，不可胡❶了。用轴擀碎，入炒熟糯

❶ 胡：即"糊"，食材烧焦。

蒸糕

米面七两、白糖一斤，拌匀，再擀，粗罗罗过。再擀，再罗，以净为度。皮渣不用，力按模内成果，勿用水。

糖薄脆

用白糖二十两、香油二十两、白面五斤，加油酥，清水揣和，擀薄饼，上用去皮脂麻撒匀，入炉。凡甜食面，用上白面，重罗三次。入大锅内，以木耙翻炒熟，不可胡，使擀面轴擀细，罗过听用。其油酥，用蒸熟晒干重罗白面十两，油三两，擦成。

酥　饼

用油酥四两或脂油四两，蜜二两，和面作饼，或印成果，入炉。

雪花酥

用脂油入小锅化开，漉过，将炒过面随手撒入搅匀，不稀不稠。掇离火，洒白糖末入内，搅匀。上案擀开，切象眼块。

浆捧果

先将糯米用水浸三十日，晒干为末。用香油、糖、碱各等分，加水合成。香油炸出，再用熟米面、白糖培之。

蜜煎冬瓜

用经霜老冬瓜，去皮及近瓤者，用近皮肉切片，沸汤焯过，放冷。以石灰汤浸一宿，去灰水。以蜜放沙锅内熬熟，下瓜片微煎，漉出，别用蜜再煎。看瓜色微黄，倾出。待冷，瓷罐收贮，炼蜜养之。

山药糕

用山药一斤，煮烂，去净皮，加湿粉团四两，揣如泥。加白糖六两，核桃子、松子仁、青丝，再揣匀，摊笼上蒸熟。

春　饼

用冷水和面，揣至不粘手，擀成饼，卷肉丝、蛋皮、韭菜在内，生面糊粘口，鏊上熁过，香油煎。或用鸡蛋和面，或全用蛋皮作饼卷馅亦可。

水　饼

用温水、热油平兑，和面，揣至光滑为度，作皮子。其馕止用油，不用水，和面，酌加果馅。将皮擀二次，捏成饼，包馕入炉。

烧　饼

用引浆水两碗、油一碗、白糖一碗和面，如蒸馍馍法。

发过，至次日，擀成饼，不用粿❶。内包果馅，外用鸡翎扫蜜水在面上，匀撒去皮熟芝麻，入炉。

栗子取黄

煮熟，捣极烂，加粉团擀匀。少加面，再擀成厚饼，包果馅，蒸食。

归元酒

用当归、枸杞各二两，龙眼肉四两，南菊花两半，入黄酒二斤煮沸，收坛内，加好蒸酒十斤浸之。

白　酒

用白茯苓、白术、花粉、山药、薏苡仁、芡实、牛膝各五钱，白豆蔻去壳三钱，酌加蜜，浸蒸酒十斤。

十　月

冬培和菜

用白萝卜，薄切短片，晒干。将芥菜洗净，风干五六日，切寸金段。每斤用盐三两，花椒末三钱，轻轻拌匀，入小罐收。

---

❶ 粿：擀制面皮时，为防止面皮黏在板上，所洒的干面。

糟萝卜

用白萝卜，切指厚片，盐腌过宿，悬背阴处。风半干，入小坛，加椒茴末糟之，封固。

腌白菜

选肥嫩菜，去根，少晒，抖去土。百斤用盐三斤，腌四日。就卤中洗净，每科❶窝起，用盐二斤，腌坛内，盆覆之。

脆白菜

选肥嫩菜，择洗净，控干，过宿。每十斤用盐十两，先放甘草数茎在洁净瓮内，将盐撒入菜丫，排顿瓮中，入莳萝少许，以手捺实。至半瓮，再入甘草数茎。候瓮满，用石压定。三日后将菜倒过，拗出卤水。将菜排干净器内，却将卤水浇入，忌放生水。候七日，依前法再倒，浇入卤汁，石压。如卤不没菜，加新汲水淹❷浸，其菜脆美。若至春间，食不尽者，千沸汤淖过，晒干收贮。夏间将菜温水浸过，压水尽出，香油拌匀，以瓷碗顿饭上蒸食，其味尤美。

菜齑

用窝心白菜，去粗皮叶，十字劈开。萝卜取紧小者，破作两半。俱向日中晒去水气。二件薄切作片，如钱眼大，

---

❶ 科：通"棵"。

❷ 淹：同淹，此处指浸泡。

入净罐中，以芹丝杂酒醋水、净盐、椒茴末调，令得宜，浇之。随手举罐撼触五七十次，密盖罐口，置灶上温处。仍日一次如前法撼触。三日后取用。

淡银菜

用好白菜，不见水，以布拭净泥土，晾半日。每斤用盐四两，将盐分作二分，早间先以一分入水。熬极沸，将菜逐科入锅蘸之，先蘸根，后蘸秸，一蘸即提出晾之，恐久则菜烂。蘸完将水冷定，午间又入盐一分，熬沸，如前法将菜蘸过，晾之。次早加整椒、茴，窝入小坛内，加原汁少许，封固，菜色如银，取用勿见风。

法制白菜

选高肥不蛀嫩菜，去黄叶，洗净，绳挂控干，每百斤用好盐百两。将菜逐科置木盆内揉拌，视菜变色，铺砌缸内，石压三日，移入别缸，使在下者在上。如此转移三次，则扎成小把，装小坛内，按实，不可使有疏空。将卤水矾搅，澄清去脚，熬极沸，候冷浇入菜内，泥封，七日可用。用时勿令风吹，不着滴水为妙。

萝卜干

用红白萝卜各二十五斤，切条，勿太细，拌白盐四十两，腌半日。卤中洗净，捞出，布包石压过宿，稀撒薄❶上，

---

❶ 薄：疑"箔"之讹字，下同。

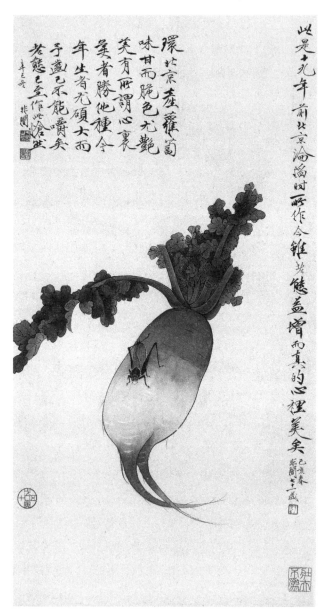

于非闇　心里美图

晒竟日。加黄酒一斤，香油四两，花椒、小茴各二两，共为细末，拌匀入坛，置冷处，任用。早做多长霉，以天尚暖也，过年用者，盐少增。

三色菜

用红白萝卜两种，切条，盐腌过宿。就汁洗净，布包石压干，稀撒薄上，勤翻，务要一日晒干。再将腌芥菜秸切条，并芹菜梗加入，再加整花椒、熟黑豆、脂麻，用香油、小茴末拌匀，收贮，勿令出气。

糖醋萝卜

将辣萝卜切丝，晒干，用白糖、好醋、花椒末和拌，用小坛盛，勿出气。或将坚实萝卜切小块，晾二日，每斤用白盐一两腌过，布揉去水，再晾再揉，又晾又揉，干湿得宜。每斤用白糖四两，醋一碗，小茴、花椒、砂仁、陈皮末各一钱拌匀，贮瓷罐内。青瓜丁亦可照此法做。

山　楂

山楂蒸熟，去皮核，趁热入矾末，多糖培之，蜜浸亦美。

木瓜膏

小雪后，木瓜水气少干，用滚水煮熟，勿太烂，揣摊稀布挣上，其细膏即透过。用竹刀刮下，每斤加白糖一斤，擀碎，粗罗罗过。拌入膏内，摊油纸上，少刻成膏。山楂同法。

〔北宋〕赵佶　红蓼白鹅图

木 瓜

木瓜切片，沸汤淖过，不可烂。凉水拔过，筛盛空干，糖瓜相间培之，廿日可用。欲久留者，多加糖。又方：先用滚水化白矾有涩味，冷定，将木瓜切片，沸汤淖出，入矾水浸二日，空干，入糖。

风鸡鹅鸭

将牲秃净，去肝肠，干布擦净血水，勿用水洗。每斤用盐一两，花椒末二钱，内外擦遍，余盐装入腹内。挂当风处，刀口朝上，不漏盐汁。风肉同法。

风猪肉

碎猪肉拌、葱、姜、椒、茴、盐，装尿泡内风之。

腌 肉

白盐炒干、研细，将肉中大骨剔去，入盐极力擦匀，石压。过宿，取起空干，再用盐擦、石压。次早再空、再腌。以去净血水为度，取出挂起。

腌火腿

用猪后腿，每十斤用炒研细盐十二两，将皮擦百余次，肉亦微擦。入缸，缸底以竹排架腿，以便淋卤。至四七日取出，晒七日，将鸡翎❶扫香油在皮上，用纸封固，挂灶前烟处半月，另挂别处。过夏埋草灰内，置炕上。

十一月

霜 菜

食经霜菜，令人面无光泽。

补食雉肉

雉肉味酸寒无毒，虽野味之贵，食之损多益少，惟本月食之有补。

兔肉禁忌

兔肉味辛平无毒，补中益气，但不可与姜、橘同食，恐患心疼。

十二月

埋雪水

用瓮盛，埋北墙下，草盖严，勿令雨水流入。

---

❶ 鸡翎：鸡翅膀及尾巴上较直之大翎毛。

做腊黄酒

置堂屋❶内，以稻草围严，勿使上冻。来年寒食前榨酒，其糟拌醋。

收猪肪

脂悬背阴处，能治诸般疮疥，敷汤火疮及六畜疮疥，去蛆蝇。熟诸般皮条，不烂，加倍壮韧。

糟鲤鱼

湖鲤大者，去鳞肠，拭干，切大块。每斤用炒盐四两擦匀，腌过宿，就卤中洗净，晾干。每斤用糟十两，盐七钱，拌入坛。

澄　酒

务去脚，极清，入极干洁器内，收高凉稳实处。此时天寒，凡盛酒器皿，用滚水瓷瓦洗极净，以口向下，放暖屋内或炕上。遇天晴，置日中晒干，仍收屋内。若冻凝水气，必坏酒。

---

❶ 堂屋：即正房。

〔明〕丁云鹏 漉酒图（局部）

便民图纂

〔明〕邝 璠 撰

小 石 点校

饮食宜忌

古云：善养性者，先渴而饮，饮不过多，多则损气，渴则伤血；先饥而食，食不过饱，饱则伤神，饥则伤胃。

饮食务取益人者，仍节俭为佳。若过多，觉膨胀短气，便成疾。

陶隐居云：食戒欲粗并欲速，宁可少食相接续。莫教一饱顿充肠，损气伤心非尔福。

又云：生冷粘腻筋韧物，自死牲牢皆勿食。馒头闲气莫过多，生脍偏招脾胃疾。鲊酱胎卵兼油腻，陈臭淹藏尽阴类。老人朝暮更食之，是借寇兵无以异。

侵晨食粥，能畅胃气，生津液。

老人常以生牛乳煮粥，食之有益。

茶宜漱口，不宜多啜。

空心茶，卯时酒，申时饭，皆宜少。

谚云：上床萝卜下床姜。盖夜食萝卜，则消酒食；清晨食姜，则能开胃。刍荛之言亦不可忽也如是。

多种鸡头、薯芋❶，可以代食；山药、凫茨，可以充饥。

面不宜过水，以滚汤候冷，代水用之。

食面后如欲饮酒，须先以酒咽去目汉椒三二粒，则不为病。

---

❶ 万历本作"菱米"。

食莲子宜蒸熟去心，生则胀肠，不去心则成霍乱。

食生藕，除烦渴，解酒毒。若蒸热食之❶，甚补五脏，实下焦。与蜜同食，令腹脏肥，不生诸虫。

生果停久有损处者，不可食。

甜瓜沉水者杀人，双蒂者亦然。

姜❷无纹有毛及煮不熟者，不可食。

酒浆上不见人物影者，不可食。

暑月，瓷器如日晒太热者，不可使❸盛饮食。

铜器内盛酒过夜，不可饮。

盛蜜瓶作鲊，不可食。

凡肉汁藏器中，气不泄者，有毒。以铜器盖之汗滴入者，亦有毒。

肉经宿并熟鸡过夜，不再煮，不可食。

凡肉生而敛，堕地不粘尘、煮而不熟者，皆有毒。

祭神肉自动及祭酒自耗者，皆不可食。

诸肉脯贮米中及晒不干者，皆不可食。

凡禽兽肝青者，不可食。

诸禽兽脑滑精❹，不可食。

凡鸟死口目不闭、脚不伸者，不可食。

黑鸡白首，并四距者，不可食。

---

❶ 万历本作"除烦渴，解酒。藕箬蒸熟食之"。

❷ 万历本作"蕈"。

❸ 万历本作"便"。

❹ 万历本作"脑子滑精"。

马生角，及白马黑头、白马青蹄者，皆不可食。

黑牛白头，并独肝者，不可食。

羊肝有窍，及羊独角黑头者，皆不可食。

兔合眼者，不可食。

鼠残物，食之生病❶。

凡鱼目能开闭，或无腮、无胆，及有角、白背、黑点者，皆不可食。

鲇鱼赤须、赤目者，有毒。

鱼头有白连脊者，不可食。

河豚鱼浸血不尽及子与赤斑者，皆不可食。

鲤鱼头脑有毒。

鱼鲊内有头发者，不可食。

虾无须，及腹下黑者，有毒。

蟹目相向有独螯者，不可食。

鳖腹有蛇蟠痕者，不可食。

一应檐下雨滴菜有毒。

茅屋漏水入诸脯中，食之生瘕瘕。

陶瓶内插花宿水及养腊梅花水，饮之能杀人。

吐多饮水，成消渴。

发落饮食中，食之成瘕。

饮食于露天，飞丝堕其中，食之咽喉生泡。

多食咸则凝注而色变，多食苦则皮枯而毛落，多食辛

---

❶ 万利本作"瘰疬"。

则筋急而爪枯，多食酸则肉胝胝胁而唇揭，多食甘则骨痛而齿落。

食炙煿宜待冷，不然则伤血损齿。

饮酒宜忌

凡醉后慎勿即睡，必成眼昏目盲之疾，待醒方睡最佳。

酒后行房事，则五脏翻覆，宜为终身之戒。

饮白酒，忌食生韭菜及诸甜物。

食生菜饮酒者，莫炙腹，令人肠结。

醉后不宜食羊豕脑。

醉后不可食芥辣，缓人筋骨；亦不可食胡桃，令人吐血。

蒲萄❶架下不宜饮酒。

醉中饮冷水，成手颤。

醉不可强食，嗔怒生痈疽。

醉人大吐，不以手紧掩其面，则转睛❷。醉中大小便不可忍，成癃闭、疡痔等疾。

醉饱后不宜走马及跳踯。

久饮酒者，腐肠烂胃，溃脂蒸筋，伤神损寿，及多成血痹之疾。若烧酒尤能杀人，宜深戒之。

饮烧酒不醒者，急用绿豆粉荡皮切片，挑开口牙，用冷水送粉片下喉，即醒。

饮酒之法，自温至热。若于席散时，须饮热酒一杯，

---

❶ 蒲萄，即葡萄。
❷ 万历本"睛"作"痛"。

〔明〕佚名 五王醉归图

则无中酒之患。欲醒酒，多食橄榄。治病，酒煮赤豆汁饮之。

凡晦日不宜大醉。盖人之血脉随月盈亏，方月满时，则血气实，肌肉坚；至月尽则月全暗，经络虚，肌肉减，卫气去矣。当是时也，又大醉，以伤之，是以重虚。故云晦夜之醉，损一月之寿也。

饮食反忌

猪肉与生姜同食，发大风。

猪肝与鹌鹑同食，面生黑点；又不宜与鱼子同食。

猪血与黄豆同食，闷人。

猪肉不与羊肝同食。

牛肉与薤同食，生疣；又不宜与栗子、萝卜同食。

牛肝不与鲇鱼同食。

羊肝与生椒同食，伤五脏。栗、小豆、梅子同食，伤人。

犬肉不与蒜同食。

麋鹿不与虾同食。

兔肉与白鸡同食，发黄；与鹅同食，则血气不行；与藕、橘同食，则成霍乱。

鸡肉与胡荽同食，气滞。

野鸡与鲇鱼同食，生癞；与荞面同食，生虫；又不宜与鲫鱼、猪肝、麻菰、菌子同。❶

---

❶ 万历本此条无"误食闭口花椒"句，但在下条"解饮食毒"中有"误食闭口花斑，饮醋解之"，前"又不宜与鲫鱼、猪肝、麻菰、菌子同"，万历本作"又不宜与鲫鱼、猪肝、麻菰、菌子同食"。

鲫鱼与芥菜同食，令人黄肿。❶

鲤鱼与紫苏同食，发痈疽。

鳖肉与苋菜同食，生虫。

鳝鱼不与白犬肉同食。

黄鱼不与荞面同食。

螃蟹不与芥汤及软枣、红柿同食。

蚬子不与油饼同食。

杨梅不与生葱同食。

李子不与雀肉同食。

桃李与蜂蜜同食，五脏不和。

糖蜜与小虾同食，暴下。

茶与韭同食，耳聋。

粥内入白汤，成淋。

解饮食毒❷

黄鲿鱼、鲤鱼忌荆芥，地浆解之。

中河豚毒，青黛水、蓝青汁或槐花末三钱，新汲水解之。

中牛肉毒者，甘草汤解之，或猪牙烧灰水调服。

食马肉中毒者，捣芦根汁或嚼杏仁，或饮好酒解之。

食马肝中毒者，水浸豉绞汁解之。

---

❶ 此条至"粥内入白汤"，均据万历本补入。

❷ 本条嘉靖本无，据万历本补入。自"误食闭口花椒"至结尾一段，嘉靖本列在"饮食反忌"后，万历本列在本条，据文意，按万历本调整。

食猪肉中毒，饮大黄汁或杏仁汁、朴硝汁皆可解。

中羊肉毒者，甘草汤解之。

食狗肉中毒者，以杏仁三两捣为泥，热汤调作三服。

中鸭肉毒者，煮糯米汤解之。

食鸡子毒者，饮醋解之。

中蟹毒，煎紫苏汤饮一二盏，或生藕汁解之。

凡中鱼毒，煎橘皮汤或黑豆汁，或大黄、芦根、朴硝汁，皆可解。

中诸肉毒，壁土水一钱服。又方：烧白匾豆末可解。

食诸肉过伤者，烧其骨水调服，或芫荽汁、生韭菜汁解之。

中蕈毒，连服地浆水解之。

诸菜毒，甘草、贝母、胡粉等分为末，水服及小儿溺。

野菜毒，饮土浆解之。

瓜毒，瓜皮汤或盐汤解之。

柑毒，柑皮汤解，盐汤亦可。

诸果毒，烧猪骨为末，水调服。

误食闭口花椒❶，饮醋解之。

误食桐油，热酒解之，干柿及甘草亦可。

凡饮食后心烦闷不知中何毒者，急煎苦参汁饮之，令吐。又方：煮犀角汤饮之，或以苦酒、或以好酒煮饮之。

饮酒毒，大黑豆一升，煮汁二升，服立吐，即愈。又方：

---

❶ 万历本作"误食闭口花斑"。

生螺蛳、华澄茄，并解之。

凡诸般毒，以香油灌之令吐，即解。

辟谷救荒法

《千金方》云：用白蜜二斤、白面六斤、香油二斤、茯苓四两、甘草二两、生姜四两去皮、干姜二两炮，共为细末，拌匀，捣为块子，蒸熟，阴干，为末，以绢袋盛。每服一匙，冷水调下，可待百日。虽太平时，亦不可不知此。

取蟾酥法

捉大癞虾蟆，先洗净，用绳缚住，以小杖鞭眉上两道高处。须臾有白膏自出，便刮在净器内收贮，乃真蟾酥也。

法煎香茶

上春嫩茶芽，每五十两重以绿豆一升去壳蒸焙，山药十两一处细磨，别以脑、麝各半钱重，入盘内同研，约二千杵。纳罐内密封，窨三日后可以烹点，愈久香味愈佳。

脑麝香茶

脑子随多少，用薄纸裹置茶合上，密盖定，点供自然带脑香。其脑又可别用，取麝香壳安罐底，自然香透，尤妙。

百花香茶

木犀、茉莉、橘花、素馨等花，依前法熏之。

〔宋〕苏焯 端阳戏婴图

煎茶法

用有焰炭火滚起，便以冷水点住。伺再滚起，再点。如此三次，色味兼美。

天香汤

白木犀盛开时，清晨带露，用杖打下。花以布被盛之，拣去蒂萼，顿在净瓷器内。候积聚多，然后用新砂盆擂烂。一名山桂汤，一名木犀汤，用木犀一斤、炒盐四两、炙粉草一二两拌匀，置瓷瓶中密封，曝七日，每用沸汤点服。

缩砂汤

缩砂仁四两、乌药二两、香附子一两炒、粉草二两炙，共为末。每用二钱，加盐，沸汤点服。中酒者服之妙，常服快气进食。

须问汤

《东坡歌括》云：半两生姜干用一升枣干用，去核，三两白盐炒黄二两草炙，去皮。丁香木香各半钱，约量陈皮去白一处捣。煎也好，点也好，红白容颜直到老。

熟梅汤

树头黄大梅，蒸熟，去皮核，每斤用甘草末五钱、炒盐四两、姜丝二两、青椒五钱。待秋间入木犀，不拘多少。

凤髓汤

松子仁、胡桃肉汤浸去皮，各一两、蜜半两共研烂，入蜜和匀。每用沸汤点服，能润肺，疗咳嗽。

香橙汤

大橙子三斤去核，切作片子，连皮用、檀香末半两、生姜五两，切作片，焙干、甘草末一两，内二件用净砂盆研烂，次入檀香、甘草末，和作饼子，焙干，碾为细末。每用一钱，盐少许，沸汤点服，能宽中快气，消酒。

造酒曲

白面一百斤，绿豆五斗，辣蓼末五两，杏仁十两去皮，研为泥。先用蓼汁浸绿豆一宿，次日煮极烂，摊冷，和面。次入杏泥、蓼末拌匀，踏成饼，稻草包裹。约四十余日去草，晒干，收起，须三伏中造。

菊花酒

酒醅将熟时，每缸取黄英菊花，去萼、蒂、甘者，只取花英二斤择净，入醅内揽❶匀，次早榨，则味香美。但一切有香无毒之花，仿此用之皆可。

---

❶ 万历本作"搅"。

收杂酒法

如人家贺客携酒，味之美恶必不能齐。可共聚一缸，澄清去浑，将陈皮三两许撒入缸内，浸三日漉去，再如前撒入。如此三次，自成美酝。

拗酸酒法

若冬月造酒，打扒迟而作酸，即炒黑豆一二升，石灰二升或三升，量酒多少加减。却将石灰另炒黄，二件乘热倾入缸内，急将扒打转。过一二日榨，则全美矣。

又法：每酒一大瓶，用赤小豆一升炒焦，袋盛，放酒中，即解。

治酒不沸

酿酒失冷，三四日不发者，即拨开，饭中倾入熟酒醅三四碗，须臾便发。如无酒醅，将好酒倾入一二升，便有动意，不尔则作甜。

造千里醋

乌梅去核一斤，以酽醋五升浸一伏时，曝干。再入醋浸，再曝干，以醋尽为度。捣为末，以醋浸蒸饼，为丸❶，如鸡头大。投一二丸于汤中，即成好醋。

---

❶ 万历本作"和为丸"。

造七醋

黄陈仓米五斗，浸七宿，每日换水一次，至七日做熟饭，乘热入瓮，按平，封闭。第二日番转。至第七日再番转，倾入井水三担，又封。一七日搅一遍，再封。二七日再搅。至三七日即成好醋。此法简易，尤妙。

收醋法

将头醋装入瓶内，烧红炭一小块投之，掺入炒小麦一撮，箬封泥固，则永不坏。

造 酱

三伏中，不拘黄、黑豆，拣净，水浸一宿，漉出煮烂，用白面拌匀，摊芦席上，用楮叶或苍耳叶盖。一日发热，二日作黄衣，三日后翻转晒干。黄子一斤，用盐四两为率，井水下，水高黄子一拳，晒，须不犯生水。

治酱生蛆

用草乌五七个，切作四半，撒入，其蛆自死。

治饭不馊

用生苋菜铺盖饭上，则饭不作馊气。

〔南宋〕陈居中　四羊图（局部）

造酥油

取牛乳下锅，滚二三沸，舀在盆内，候冷，定结成酪皮。取酪皮又煎，油出去粗，舀在盆内，即是酥油。

造乳饼

取牛乳一斗，绢滤入锅，煎三五沸。先将好醋以水解淡，俟乳沸点入，则渐结成。漉出，用绢布之类包盛，以石压之。

收藏乳饼

取乳饼安盐瓮底，则不坏。用时取出蒸软，则如新。

煮诸肉

牛肉：猛火煮至滚，便当退作慢火。不可盖，盖则有毒。若老牛肉，入碎杏仁及芦叶一束同煮，易软烂。

马肉：冷水下，入葱酒煮，不可盖。

羊肉：滚汤下，盖定，慢火养熟。若老羊，同瓦片煮则易烂；羝羊，同核桃煮则不膻。

猪、羊肉：以旧篱上篾一把入锅同煮，立软。

獐肉：冷水下，煮不宜过，过则干燥无味；加葱、椒、山药，其味珍美。

鹿肉：宜与肥猪、羊肉同煮。以鹿肉干燥，借其油味浸入，令肉性滋润。煮不宜过，滚水下。

兔肉：盐腌一宿，冷水下。加葱、椒宜，萝卜制亦可，与肥肉同煮。若煮太熟，则肉干无味。

老鸡、鹅、鸭：取猪胰一具，切烂同煮。以盆盖定，不得揭开，约熟为度，则肉软而汁佳。或用樱桃叶数片煮老鹅，赤饧糖两块煮老鸡，皆能易软。

煮陈腊肉同。

烧　肉

猪、羊、鹅、鸭等，先用盐、酱、料物淹一二时。将锅洗净、烧热，用香油遍浇，以柴棒架起肉盆，令纸封，慢火焗熟。

四时腊肉

收腊月内淹肉卤汁，净器收贮，泥封头。如要用时，取卤一碗，加腊水一碗、盐三两。将猪肉去骨，三指厚、五寸阔段子，同盐料末淹半日，却入卤汁内浸一宿，次日，其肉色味与腊肉无异。若无卤汁，每肉一斤，用盐半斤淹二宿，亦妙。煮时先以米泔清者入盐二两，煮三沸，换水煮。

收腊肉法

新猪肉打成段，用煮小麦滚汤淋过，控干，每斤用盐一两擦拌，置瓮中，三二日一度。翻至半月后，用好糟淹一二宿，出瓮。用元淹汁水洗净，悬于无烟净室。二十日以后，半干半湿，以故纸封裹，用淋过净灰于大瓮中，一重灰、一重肉埋讫，盆合，置之凉处，经岁如新。煮时，米泔浸一炊时，洗刷净，下清水中，锅上盆合土拥，慢火煮，候滚即撤薪。停息一炊时，再发火，再滚，住火，良久取食。此法之妙全在早淹，须腊月前十日淹藏，令得腊气为佳，稍迟则不佳矣。牛、羊、马等肉并同此法。如欲色红，须才宰时，乘热以血涂肉，即颜色鲜红可爱。

夏月收肉

凡诸般肉，大片薄批，每斤用盐二两、细料物少许拌匀。勤翻动，淹半日许，榨去血水，香油抹过，蒸熟。竹签穿，悬烈日中，晒干，收贮。

夏月煮肉停久

每肉五斤，用胡荽子一合、醋二升、盐三两，慢火煮熟，透风处放。若加酒、葱、椒同煮，尤佳。

淹鹅鸭等物

挦净，于胸上剖开，去肠肚。每斤用盐一两，加川椒、茴香、莳萝、陈皮等，擦淹半月后，晒干为度。

腌鸭卵

不拘多少，洗净，控干，用灶灰筛细二分，盐一分，拌匀。却将鸭卵于浓米饮汤中蘸湿，入灰盐滚过，收贮。

造　脯

歌括云：不论猪羊与大牢，一斤切作十六条。大盏醇醪小盏醋，马芹莳萝入分毫。拣净白盐称四两，寄语庖人漫火熬。酒尽醋干方是法，味甘不论孔闻韶。

牛腊鹿脩

好肉不拘多少，去筋膜，切作条，或作段。每二斤用盐六钱半，川椒三十粒，葱三大茎细切，酒一大盏，同淹三五日，日翻五七次，晒干。猪、羊仿此。

制猪肉法

净焊猪讫，更以热汤遍洗之，毛孔中即有垢出，以草痛措❶，如此三遍，措❷洗令净。四破，于大釜煮之，以杓接取浮脂，则着瓮中，稍稍添水，数数接脂。脂尽漉出，破为四方寸胔，易水更煮，下酒二升以杀腥臊，青白皆得；若无酒，以酢浆代之。添水接脂，一如上法。脂尽，无复腥气，漉出，摆放于铜罐中熬之❸，一行肉，一行擘葱、浑豉、白盐、姜、椒，如是次第布讫，下水熬之，肉作琥珀色乃止。恣意饱食，亦不能餉乌骡切，乃胜燠肉。欲得着冬瓜甘瓠者，于铜器中布肉时下之，其盆中脂练，白如珂雪，可以供余

---

❶ 万历本作"搓"。
❷ 万历本作"刷"。
❸ 万历本此句作"板初于铜锅中蒸之"。

用者焉。

挦鹅鸭

大者一只挦净，去肠肚，以榆仁酱、肉汁调。先炒葱油，倾汁下锅，川❶椒数粒，后下鸭子，慢火煮熟，拆开另盛汤供。鹅、雁、鸡同此制造。

造鸡❷鲊

肥者二只去骨，用净肉五斤细切，入盐三两、酒一大壶，淹过宿，去卤。用葱丝四两、姜丝二两、橘丝一两、椒半两，莳萝、茴香、马芹各少许，红曲末一合，酒半升，拌匀入罐，实捺，箬封泥固。猪、羊精者，皆可仿此治造。

造鱼鲊

每大鱼一斤，切作片脔。不得犯水，以布拭干。夏月用盐一两半，冬月一两，待片时，腌鱼水出，再滗干。次用姜、橘丝、莳萝、红曲、馈饭并葱油拌匀，共入瓷罐，捺实，箬盖、竹签插，覆罐去，卤尽即熟。或用矾水浸，则肉紧而脆。

---

❶ 万历本作"入"。

❷ 万历本作"鹅"。

〔元〕佚名　鱼藻图（局部）

腌藏鱼

腊月将大鲤鱼去鳞杂、头尾，劈开，洗去腥血，布拭干。炒盐腌七日，就用盐水刷洗净，当风处悬之七七日。鱼极干，取下，割作大方块，用腊酒脚和糟稍稀，相鱼多少下。炒茴香、莳萝、葱，盐油拌匀，涂鱼，逐块入净坛，一层鱼、一层糟，坛满即止。以泥固口，过七七日开。开时忌南风，恐致变坏。

糟　鱼

大鱼片，每斤用盐一两，先腌一宿。拭干，别入糟一斤半，用盐一两 ❶ 半和糟，将鱼大片用纸裹，以糟覆之。

酒曲鱼

大鱼洗净，一斤切作手掌大，用盐二两、神曲末四两、椒百粒、葱一握、酒二升，拌匀，密封。冬七日，夏一宿，可食。

去鱼腥

薄荷叶、白矾、江茶为末拌匀，腌一宿，至次日早滗 ❷ 去腥水，再以新汲水洗净，任意用之。

一法：煮鱼用些少木香在内，则不腥。

---

❶ 万历本作"分"。
❷ 滗：挡住浸泡物，将液体倒出。

〔清〕聂璜　海错图（之一）

糟　蟹

　　歌括云：三十团脐不用尖水洗，控干，布拭，糟盐十二五斤鲜糟五斤，盐十二。好醋半斤并半酒拌匀糟内，可餐七日到明年七日熟可。❶

酒　蟹

　　九月间捡肥壮者，十斤用炒盐一斤四两、好白矾末一两半。先将蟹洗净，用稀篾篮贮悬当风处，以蟹干为度。好醅酒五斤，拌和盐、矾，令蟹入酒内，良久取出。每蟹

---

❶　"七日熟可"，万历本作"七日熟可食，藏至明年"。

〔清〕聂璜　海错图（之二）

一只，以花椒一颗纳脐内，入瓷瓶，实捺，收贮。更用花椒掺其上，包瓶纸花上，用韶粉一粒，箸扎泥固，取时不许见灯。或用好酒破开腊糟，拌盐、矾，亦得，糟用五斤。

酱　蟹

团脐百枚，洗净控干，脐内满填盐，用线缚定，仰叠入瓷器中。法酱二斤，研浑椒一两，好酒一斗，拌酱、椒匀，浇浸，令过蟹一指，酒少再添，密封泥固。冬二十日可食。

齐白石 虾图

酒　虾

大虾每斤，用盐半两腌半日，沥干入瓶中。一层虾入椒十余粒，层层下讫，以好酒化盐一两半浇之。密封五七日，熟冬十余日。每虾一斤，用盐三两。

煮蛤蜊

用枇杷核煮，则钉易脱。

煮莶笋

如猫头笋之类莶而不可食者，先以薄荷叶数片入锅，同盐煮熟，则无莶气。

造芥辣汁

芥菜子淘净，入细辛少许，白蜜、醋一处同研烂，再入淡醋，滤去粗，极辣。

造脆姜

嫩生姜去皮，甘草、白芷、零陵香少许，同煮熟，切作片子，则脆美异常。

糟　姜

社前嫩姜去芦揩净，用煮酒和糟盐拌匀，入瓷坛，上用沙糖一块，箬扎泥封。

醋　姜

炒盐，淹一宿，用元卤入釅醋同煎，数沸，候冷入姜。箸扎瓶口，泥封固。

酱　茄

将好嫩茄去蒂，酌量用盐淹五日，去水。别用市酱腌五七日，其水去尽，揩干，晒一日方可入好酱内。

糟　茄

八九月间，拣嫩茄去蒂，用活水煎汤，冷定，和糟盐拌匀入坛，箸扎泥封。诀云：五茄六糟盐十七，更加河水甜如蜜。

蒜　茄

深秋摘小茄，去蒂揩净。用常醋一碗、水一碗合和。煎微沸，将茄炸过，控干，捣蒜并盐和。冷定，醋水拌匀，纳瓷坛中。

香　茄

取新嫩者切三角块，沸汤炸过，稀布包，榨干。盐淹一宿，晒干。用姜丝、橘丝、紫苏拌匀，煎滚，糖醋泼。晒干，收贮。

香萝卜

切作骰子块，盐腌一宿，晒干。姜丝、橘丝、莳萝、茴香拌匀，煎滚，常醋泼。用瓷器盛，曝干，收贮。

收藏瓜茄

用淋过灰晒干，埋王瓜、茄子于内，冬月取食如新。

收藏梨子

拣不损大梨有枝柯者，插不空心大萝卜内，纸裹暖处，至春深不坏。带梗柑橘亦可依此法。

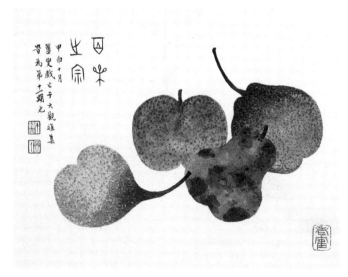

丁辅之　蔬果图（之一）

收藏林檎

每一百颗内取二十颗，捶碎，入水同煎。候冷，纳净瓷浸之，密封瓷口，久留愈佳。

收藏石榴

选大者，连枝摘下，用新瓦缸安排在内，以纸十余重密封盖。

收藏柿子

柿未熟者，以冷盐汤浸之，可令周岁颜色不动。

熟生柿法

取麻骨插生柿中，一夜可熟。

收藏桃子

以麦面煮粥，入盐少许，候冷倾入新瓷。取桃纳粥内，密封瓷口，冬月如新。桃不可熟，但择其色红者佳。

收藏柑橘

择光鲜不损者，将有眼竹笼先铺草衬底及护四围，勿令露出，重叠装满，安于人不到处，勿近酒气，可至四五月。若干了，用时于柑橘顶上用竹针针十数孔，以温蜜汤浸半日，其浆自充满如旧。

收藏金橘

安锡器内，或芝麻杂之，经久不坏。若橙橘之属，藏绿豆中极妙。勿近米边，见米即烂。

收藏橄榄

用好锡有盖罐子，拣好橄榄装满，纸封缝，放净地上，至五六月犹鲜。

收藏藕

好肥白嫩者，向阴湿地下埋之，可经久如新。若将远，以泥裹之不坏。

收藏栗子

霜后初生栗，投水盆中，去浮者，余漉出，布拭干，晒少时，令无水湿为度。用新小瓶，先将沙炒干，放冷，以栗装入，一层栗、一层沙，约八九分满。每瓶盛二三百个，用箬一重盖覆，以竹签按定。扫一净地，将瓶倒覆其上，略以黄土封之，不宜近酒气，可至来春不坏。

收藏核桃

以粗布袋盛，挂当风处，则不腻。收松子亦可用此法。

〔南宋〕牧溪 栗图

收干荔枝

以新瓷瓮盛，每铺一层，用盐白梅二三个，以箬叶包如粽子状置内。密封瓮口，则不蛀坏。

收藏榧子❶

以旧盛茶瓷瓮收之，经冬不坏。

---

❶ 万历本作"楠子"。

收藏诸青果

十二月间，荡洗滗[1]净瓶或小缸，盛腊水。遇时果出，用铜青末与青果同入腊水收贮，颜色不变如鲜。凡青梅、枇杷、林檎、小枣、蒲萄、莲蓬、菱角、甜瓜、梨子、柑橘、香橙、橄榄、荸荠等果皆可收藏。

收藏诸干果

以干沙相和，入新瓮内收之。密封其口，或用芝麻拌和亦可。

收藏向糖

以灯草寸剪重重间和收之，虽经雨不润。

造蜜煎果

凡煎果须随其酸、苦、辛、硬制之，以半蜜半水煮十数沸，乘热控干，别换纯蜜入沙铫内，用文武火再煮，取其色明透为度。新瓮盛贮，紧密封固，勿令生虫。须时复看视，觉蜜酸，急以新蜜炼熟易之。

收藏蜜煎果

黄梅时换蜜，以细辛末放顶上，虮虫不生。

---

[1] 万历本作“洁”。

大料物法

官桂、良姜、荜拨、草豆蔻、陈皮、缩砂仁、八角、茴香各一两，川椒二两、杏仁五两、甘草一两半、白檀香半两，共为细末用。如带出路，以水浸蒸饼，丸如弹子大，用时旋以汤化开。

素食中物料法

莳萝、茴香、川椒、胡椒、干姜炮、甘草、马芹、杏仁各等分，加榧子肉一倍，共为末。水浸蒸饼，为丸如弹子大，用时汤化开。

省力物料法

马芹、胡椒、茴香、干姜炮、官桂、花椒各等分为末，滴水为丸，如弹子大。每用，调和捻破，即入锅内，出外尤便。

一了百当

甜酱一斤半，腊糟一斤，麻油七两，盐十两，川椒、马芹、茴香、胡椒、杏仁、良姜、官桂等分为末。先以油就锅内熬香，将料末同糟酱炒熟，入器收贮。遇修馔随意就❶用，料足味全，甚便行厨。

---

❶ 万历本作"挑"。